TAIWAN
CENTURY-OLD
MARKETS

從北到南，和魚夫一起探看

台灣百年市場

25個流轉百年的菜市風華

魚夫 著

自序

百年市場是世世代代的灶腳

幼兒時，我家大門前就是鄉裡最熱鬧的菜市場，那是從廟口一路延伸過來的露天市集，每天一大早就鬧熱滾滾，賣菜、賣魚、賣肉。在那物資並不豐富的年代裡，品相倒也足稱琳瑯滿目了。

記憶中，我們家正門口有賣豆奶、米奶者，時間一到炒起花生，一股焦香味到處飄溢；還有一家麵攤的生意沖沖滾，我有時實在餓昏了，就纏著祖母要零錢，偷偷跑來吃一碗。市場裡還有冰店，我每回去，不管有沒錢買得到冰枝，光是看店家製冰就覺得趣味十足了。

有一回，有位江湖郎中在市場角落擺攤，於眾目睽睽下宣稱要把眼前的蘋果變不見，然後請大家期待，不過魔術且慢，先說了他現場賣的藥物是如何神奇云云，變了半天，蘋果沒消失，倒是許多人的錢都變到他的口袋裡去。

就這樣在市場裡東鑽西跑的長大了，感覺市場裡熙攘的人群、小販的吆喝，其實

暗藏各種八卦、情報的流通交換。現在返鄉去看，湠（台語「擴散」之意）開來的範圍更大，但仍保存露天市集的傳統，如今竟有人以「古早市仔」呼之矣。

相對古早市仔，就是現代摩登的大賣場，停車位足，品相更多，冷氣整日呼呼的吹，不來現場也可從手機App點選送到家。而我們那種古早市仔，其實也很努力在轉型，當初日本時代設立的現代化市場，現在有些試著結合百貨、餐飲、遊戲場等等，努力在大賣場的壓逼下求生存。在我來看，老實說，有些很成功，但仍有許多逐漸敗北下來，門可羅雀趨向式微。

然而民以食為天，菜市場是在地人民生活的中心，也能反映出當地的飲食文化，不是大賣場那種中央集權標準化所能形塑的文化特色，我們也不能從大賣場來探求地方的歷史發展脈絡，所以我起心動念，開始踩遍全台百年市場。既有百年傳承，當然歷盡滄桑，和在地人有著如同血脈般的緊密結合，是世世代代的灶腳、共同的回憶。是不是在地人，從市場聊起，話匣子就打開了。

在寫作過程裡，我一步一腳印，把所見所聞用影片拍攝起來，製成QR Code連結紙本與影音，且不只工筆畫出特色食物，有些連同日治時代建築都畫出細節來。也喜見各縣市政府正試圖重振百年市場的風華，我寫我畫我拍這本書，就是希望能拋磚引玉，看出百年市場各自的特色來！

前言

認識台灣百年市場

台灣自古被認定是瘴癘之地，在四百年的歷史裡，大部份的外來統治者都留下可怕的「證詞」，從荷治時代的《熱蘭遮城日記》便已出現。

明鄭時期，鄭成功曾鼓勵官員舉家攜眷來台，但「台地初闢，水土不服，病者即死，故至各島搬眷，俱遷延不前」，所以移民計畫很難推行。清康熙年間，施琅上奏〈盡陳海上情形疏〉裡描述，原住台灣的漢人有二、三萬，此數年彼處不服水土病故及傷亡者五、六千……

乙未戰爭後，日本得到台灣、澎湖的新殖民地，但接收的過程並不簡單。當時派遣將近五萬名的日軍武力，其中在戰爭中死亡或受傷者約六百多人，可是因為霍亂、瘧疾、傷寒等各種傳染病致死的卻有四千多人！

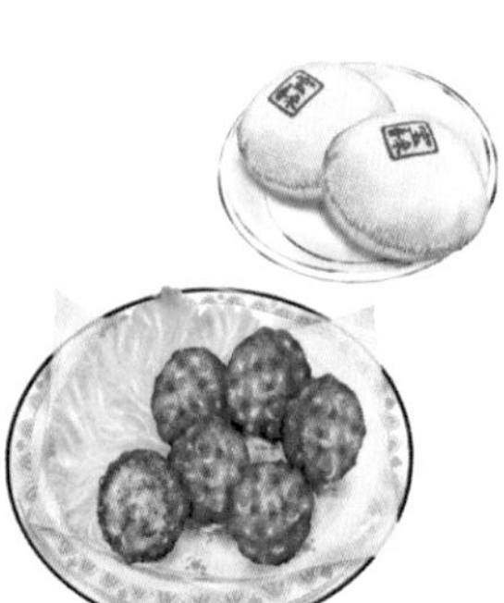

興建現代化市場之始

台灣進入日本統治時代，民政長官後藤新平是衛生專家，他深知改變台灣環境要從兩方面下手：一是飲用水的清潔，預防疾病發生；其次為現代市場的興建。

日治初期，台灣人尚無現代市場的觀念，販賣魚肉多半朝人群聚集處呼賣，且極不注重衛生，率皆暴露在烈日照射、大雨滂沱的露天環境下，自然也無良好排水設施，於是在後藤新平的推薦下，英國衛生工程界的佼佼者威廉·巴爾頓（William Kininmond Burton）於一八九六年應台灣總督桂太郎延聘來台擔任衛生工程顧問技師，在台灣各地從事衛生調查及水道建設之調查工作。巴爾頓也提出街道衛生改善計畫，以遷移街衢、強制拆除改建等手段，或以徵收或購入土地方式先將原散佈各處的攤販集中在遮風避雨的木造或竹棚下管理。

一九〇五年，台南西市場落成開幕，佔地三千多坪，外觀有如西方博物館，這是台灣最早的磚造現代化市場，從此攤販挑擔呼賣者，警察可以引用街道規則處罰；若有不願進入市場而自行營業者，一概視為違法。

從此現代化市場陸陸續續出現在台灣土地上，總計從一八九五至一九四五年間，日本殖民政府興建了二〇八個市場，遍及全台。

日治時期市場台日分用

在日本統治期間，台、日市場其實是分開的，譬如台北新起街市場是以日人居多，永樂市場則以島民（台灣人）為主；台中第二市場是日人，第一市場則是島民；台南西市場是日人，東市場等則為島民等等。這主要是因為：

其一、台灣和日本兩地人民飲食習慣不同。大抵日人生食居多，島民則多為熟食，所需品相不盡相同。

其二、日本市場在下午三、四點人潮最多，此期間是主婦外出購物最為熱鬧，環境也較為清潔衛生；而台灣人的市場則是男性居多，一大早就開始，且整天都人聲鼎沸，環境也較髒亂。

其三、台灣和日本的家庭倫理不一致。日本家庭女人握有經濟大權，台灣人則主控在男性父權手上，一般大家閨秀更是不隨便出門的。

戰後市場型態改變

到了戰後，已不分日本人或台灣人市場，而市場型態也發生若干變化：

一、有些從此不再是市場，轉換為其他用途，如新起街市場，戰後由上海商人承租為演藝廳，表演說書、傳統劇等，一度成紅樓戲院，最後轉變為今之西門紅樓文化創意產業發展中心，經常舉辦各種文創活動，完全嗅不出菜市場的味道。

二、有些原屬日人的市場，變成新統治者外省人的市場，轉而提供外省菜所需的食材，如台北的南門市場等，等於爭取到新的消費族群。

三、隨著時代的演變，許多傳統市場面臨大賣場的競爭壓力，漸趨式微，有些力求存活，轉型活化成為年輕世代的美食廣場，其中如新竹市東門市場、台中第二市場等就經常見到一些文青、網美出入其間，並在ＩＧ上留下食物照片和身影。

四、也有將原日治市場建築拆除重建後，卻因設計不良，致使原本鬧鬧熱熱的市場演變成攤商不願進駐，市場內生意乏善可陳，如宜蘭南館市場、嘉義西市場等。

五、受到現代市場行銷方式的改變，結合住家與市場者唯基隆仁愛博愛市場成功，其他企圖照本宣科轉型的傳統市場，前途並不樂觀。

總體來說，百年傳統市場尚待政府與民間業者費力思索嶄新的未來願景，如有好的發展，大家也樂見其成。

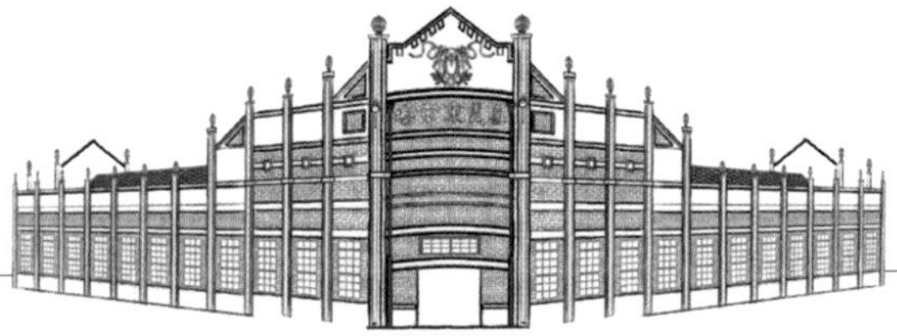

關於本書

- 台灣是在一八九五年日治時期才開始興築現代化市場，在這之前，魚肉花卉、民生用品等大都聚集在人聲鼎沸的廟口或南來北往的交通衢道，此為市集形式。日人來台後，結束大部份市集，興建市場來集中管理攤商，因此本書所謂百年市場者，如果有明確的市場建築興建年代，則以該年份起算；但也有市場較晚峻工，可是市集歷史悠久、事蹟明確者，亦收錄於書中。
- 傳統市場維持不易，或許在百年之前已開幕使用，卻因種種因素式微乃至關門大吉，失去「活的博物館」意義者，不納入本書範圍。
- 百年市場內不一定會出現跨百年歷史傳承的店家，若有則儘量寫入書中加以介紹，大部份則為市場內現有表現優異、頗受消費者歡迎的商家。
- 寫就本書過程是先就歷史資料加以研究，然後使用高畫質影片拍攝記錄，其中每樣美食皆儘量以工筆畫精心製作，以求視覺上可口誘人。
- 日治時期興建的市場建築，有些已在政府刻意修復後恢復當年風華，有些則有待整理施工，更有些早已毀壞，無從修復。本書將其中有留存實景者，照相後繪製；付之闕如者，假設工程圖或舊照仍有保留，則依建築學繪圖法盡力恢復原貌。
- 本書秉持虛實合作原則，欲增加讀者臨場感，因此每座市場均拍攝影像上傳 YouTube，並製成 QR Code 附在各篇章末，讀者只消拿出手機，鏡頭對準圖碼，即可在手機上顯現該段市場影片。
- 研究百年市場過程不免或有遺珠之憾或察而不覺，關於不盡詳細之處，如果讀者有所指教，不妨親至本人臉書專頁留言，感激萬分。

魚夫粉絲專頁

目錄

仁愛博愛市場

基隆人才知道的在地好滋味

KEE LUNG

「基隆沒城，食飽就行。」
許多人到基隆或許是為了美味，從歷史來看，
基隆的飲食文化深受福州、溫州、潮汕、山東、日本等影響，
融匯成基隆特有精湛的各式美食，
令人垂涎三尺，且思念不已。

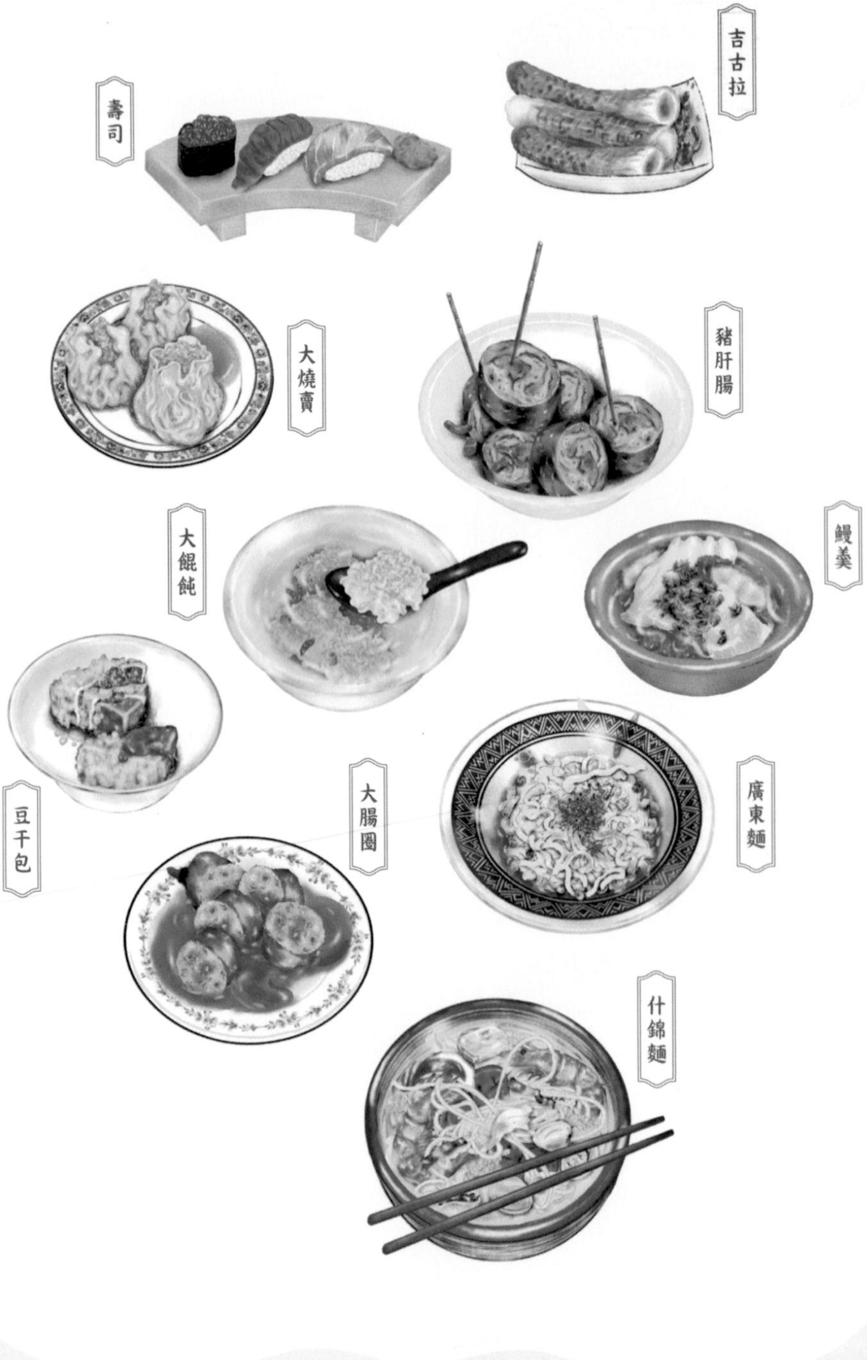
壽司
吉古拉
大燒賣
豬肝腸
大餛飩
鰻羹
豆干包
大腸圈
廣東麵
什錦麵

父親生前每回從南部老家來台北找我，過夜前一晚，一定跟我索討車鑰匙，隔天一大早，自個兒開車前往基隆崁仔頂。先父是知味善嘗的「食食通」（台語「老饕」之意），鼻子上像裝了個比掃雷器還靈敏的機器，哪裡有搜尋的目標，保證都嗅得出來。父親的人生最後一餐，就是我推著他的輪椅，到基隆去享用他所指定的美食。

父親之後，我也不知不覺成了基隆美食搜查一課的成員了。從老牌廟口夜市開始，不久進攻在地人的孝三路到鑽進仁愛市場等。基隆有句話說：「基隆沒城，食飽就行（kiânn）」，許多人到基隆確實也是為了美味，因為從歷史來看，基隆的飲食文化深受福州、溫州、潮汕、山東、日本和許多隨戰爭逃亂而來的難民飲食文化的影響，融匯成基隆特有精湛的各式美食，令人垂涎三尺，且思念不已。

有人請教我基隆的美食如何去享用，我通常建議，約早上十一點開車直驅有著百年歷史的仁愛市場，停好車，上二樓，展開大掠食！

百年市場的起源

基隆人所俗稱的仁愛市場，全名應為「博愛、仁愛美食百貨廣場」，在日治時期一九三〇年時名為「臺北州基隆市公設福德食料品小賣市場」，最先在崁仔頂東南方形成市集。而早在一九〇九年日本人蓋了一座木造的市場，名為「基隆魚菜市場」，當地人慣稱「福德市場」。市場附近為「福德町」，因為有座一八四九年創建的土地公廟，那一帶都是台灣人聚集，木造平房多，當然也吸引諸如擇日館、金紙店、棺材行、漢藥、銀樓、布行和小吃攤等，算來這就是百年市場的源起。

仁愛市場毫無疑問就是饕家的天堂。咱台灣有兩個城市，北有基隆、南有台南，這兩城的食食通只消一踏出自己城市範圍，就開始嫌人家的食物不好吃，而基隆的仁愛市場，對我這位住在台南的人來說，不僅止於美味，還常生思念之心，且將美食與建築巧妙的結合，提供舒適用餐的好環境，好評不少。

今天的仁愛市場是在一九八六年重新改建的，基地範圍包含戰後的「仁愛市場」舊址和原來的「基隆博愛團」公共住宅，兩者合建樓高十層的大樓，一至二樓為市場，三至十樓則為國宅，原有的博愛團部份名為博愛市場，而舊仁愛市場則沿用原來的名字。

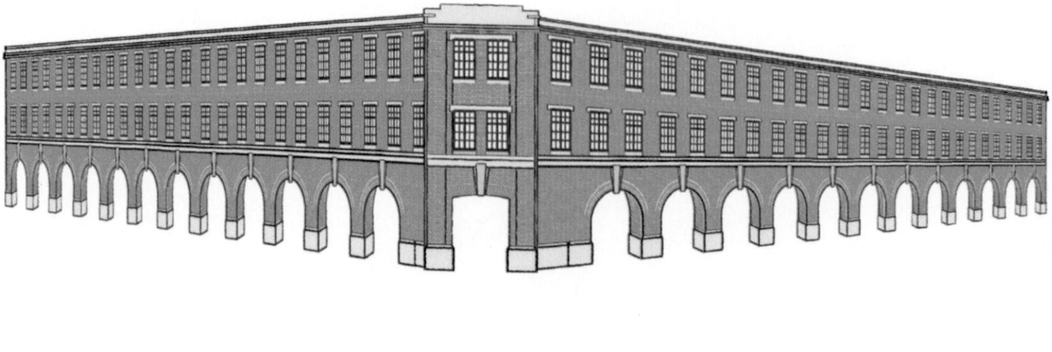

起手式就是享受新鮮海產

仁愛市場一度是基隆市最大的蔬果批發市場，老一輩都呼之為大市場，一開市就人聲鼎沸，嘻嘻嘩嘩，二樓還有間基隆戲院，是當時最大的娛樂場所之一。

形成這熱鬧的景象，最早是從崁仔頂漁市場慢慢湠開來的，到今天，仁愛市場的壽司店的漁源仍主要是近在咫尺的崁仔頂，想嚐生猛海鮮當然不可錯過。

我經常呼朋引伴到仁愛市場去大快朵頤，最適時間是約上午十一時，各家當日漁貨處理均已完成，工作人員也就緒，呼賣聲漸漸此起彼落。假如來得太早了，那麼上市場二樓手扶梯旁的「奇軒握壽司」價錢七貫一百四十元，旗魚、鮭魚及鮪魚當食材，這ＣＰ值絕對是市場裡第一名，而且從九點營業，真是佛心來著。

不過，到市場來千萬不要急著一口氣吃過好幾家，矯示戰功，先打聽好，再好整以暇，逐店徐步進攻。有一回遇見林右昌市長，隨口一問哪家刺身最有人氣，原來是「櫻握壽司」啊，這家是典型厚切的台灣式日本刺身，以旗魚、鮭魚，偶而也會有高級的白旗魚。

順帶一提，咱們去日本，サケ或シャケ指的是真正天然野生的鮭魚，大型魚在海中容易吸收重金屬，不宜食其刺身，如果寫成サーモン就是人工養殖，反而汙染的顧忌較少，食其生魚片無妨。

市場裡的日本料理很多，均各有特色，大部份的店家都是一大早跟先父生前一樣，大半夜就到崁仔頂魚市去張羅，有些食材得來不易，譬如那間「手作漁人壽司」，由一對年輕夫婦經營，除了崁仔頂，鮪魚則遠從東港而來，當然，各家各有自己的特色，反正來到仁愛市場，享受生鮮海產是最重要的起手式。

麵食競技場

然而，有趣的是美食評論家葉怡蘭卻情有獨鐘，她居然寫了篇文章，判定仁愛市場是什錦麵競技場！

這其實就是行家了，她形容市場裡賣什錦麵的特別，而從一樓到二樓，逛著沒兩三下就冒出一家來，也不怕人家來踢館挑戰，極負自信，場內有七、八家賣什錦麵的，我每回去，只恨時間不足，胃也沒牛多，遍嚐之日遙遙無期。

什錦麵要好吃，在我看來有些步驟是不

⊙ 什錦麵要好吃，用自家豬油熘香蝦米、蔥段，不用鹽而是採醬油來提味。

能省略的，譬如用自家的豬油來煸蝦米、蔥段或高麗菜絲、洋蔥絲、紅菜頭絲等，大火炒過，不用鹽而採清醬油來提味，然後將預先炕好的高湯淋上，再將配料和麵放進湯裡去一起煮，食材裡很奇怪就獨獨軟嫩的豬肝不能少。

其中阿嬌炒麵不是只有什錦麵好吃罷了，這家的咖哩麵更被公認為基隆三大必嚐的店家；其次廟口夜市的「阿華炒麵」遠近馳名，沒吃過就不算食食通；「流籠頭」的咖哩沙茶也頗為膾炙人口。

簡單就是複雜，基隆有一種「廣東麵」，那是一種寬扁的麵條，基本上有兩種調製法，一為極其簡易的淋上一瓢油蔥豬油，再捻進些許豆芽菜，幾近乾拌麵的做法；另一種則是多了一個步驟，再加一匙特製醬油，忽然間，就因此成了一味人間極品。

大個子美食及特色美味

基隆的美食，或多或少都可以溯源，只有廣東麵究係怎麼來的，我至今還在研究中。食廣東麵時，可配溫州餛飩，但體積卻大得嚇人，要是去中國溫州，那餛飩其實呈小巧皮薄而餡飽，據聞在二十世紀三〇年代，由一位名叫陳立標的開始挑擔叫賣，他長得人高馬大，地方上乃呼為「長人餛飩」，其形有如台灣古早的扁食模樣，那為什麼來台灣卻長成大個子？

我請教當地的文史工作者，得到一種說法：因為大約在日治時期的一九三〇年代，日人招募大批溫州人來基隆、金瓜石採礦，或當碼頭工人，因此「食粗飽」是為要件，餛飩長大了，乃理所當然，後代再傳入台北，最終「溫州大餛飩」成了台灣庶民食物不可分割的一部份。

還有一樣燒賣也是特大，比香港點心裡的要大上兩倍，變成如此好大一粒的來龍去脈則很清楚，就是從一家「阿本排骨燒賣」開始的，當年創作時，特別去訂製比一般扁食大兩倍的麵皮，然後就地取材，用鯊魚漿取代港式的肉餡，再添入豆薯、油蔥揉製而成，自這種大燒賣問世後，基隆的燒賣就全比其他地方大一倍了。

基隆有許多食物是其他縣市連聽都不曾聽過的，比如說吉古拉。日人在台統治五十年傳入飲食文化，日文的「蒲鉾」（かまぼこ）主要指是兩種魚漿料理，一是蒸的魚板，另一則為烤的竹輪，而天婦羅則是傳自鹿兒島的「薩摩炸魚餅」（さつまあげ）。而其中竹輪的日語發音其實是「吉古哇」（ちくわ），「吉古拉」是其訛音，但是現在基隆人則堅持吉古拉和吉古哇（竹輪）是兩種不同的東西哦！

另有一種大腸圈（不添花生的米腸），不加花生是為了防腐敗；再有一種豆干包，外型是日人阿給的一種，但

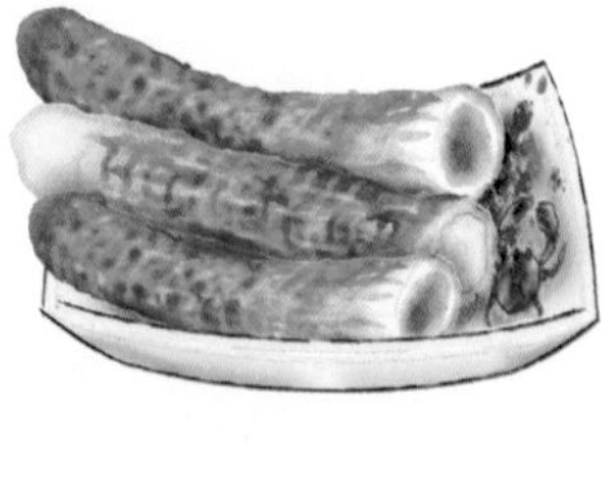

⊙ 吉古拉是基隆對竹輪的獨有稱呼。

這和鼎邊趖、鰻羹、紅糟等都是福州傳來的飲食文化，有心研究台灣飲食文化，仁愛市場正是個大寶窟。

有一樣豬肝腸要特別提出來說，其肉餡是豬肉和切丁的豬肝，不分節，長長的灌滿一大條，要享用時再分塊切開，嗜辣者，淋上一匙辣椒水，這一味是老一輩基隆人的下酒菜，出了城，我台灣走透透，居然未之見也。

父親生前經常找我去基隆尋覓美食，我雖樂於奉陪，卻不全然能體會他對基隆美食的痴迷，如今換我上了年紀，在享受美食之際，來到仁愛市場，彷彿父子二人對坐，互相看見對方喜孜孜品嚐的笑容了。

⊙ 豬肝腸是以豬肉和豬肝丁為餡，這一味是老一輩基隆人的下酒菜。

魚夫拋拋走
影片帶路逛

西門市場

四、五年級生的美食寶地

TAI PEI

紅樓所在的西門町，
在我來到台北上大學、出社會的早期，
都是最為繁華的地區，就我們那個年代，
有幾家老字號還是令人回味無窮的。

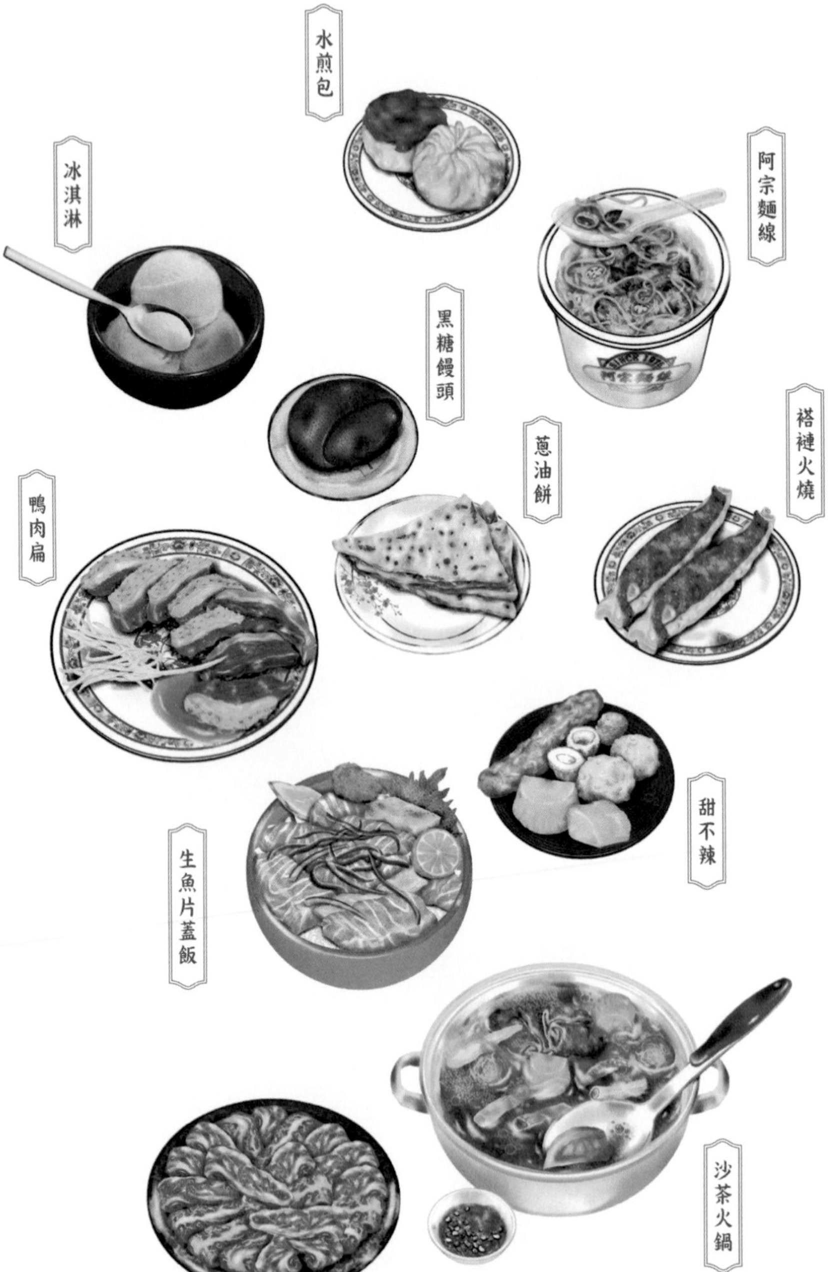
水煎包
冰淇淋
阿宗麵線
黑糖饅頭
蔥油餅
褡褳火燒
鴨肉扁
甜不辣
生魚片蓋飯
沙茶火鍋

現在台北西門町裡大家所慣稱的「西門紅樓」，其實在日本時代稱為西門市場，又稱「新起街市場」，於一九〇八年十二月二十日落成，進出者主要為日本人。

市場入口處可見每立面八公尺高的八角形兩層樓洋樓建築，因其外觀為八角形，又被稱作八角堂。其中空間的布置，大抵在前方八角堂的一樓規劃了八間小舖，主要販賣休閒文教用品與西藥，八角堂的二樓則販售台灣土產、明信片及「內地」土產等。日治時期著名的「新高製菓」也曾在此開了一家「一六軒喫茶店」分店，供應茶點、咖啡、茶飲等。除八角堂外的十字樓則主要販售魚菜生鮮為主。

然而當時市場裡的商品價格並沒有比一般市價便宜，甚至被戲稱為形同「百貨公司式」的公設市場，只不過是集散了許多商品以供選擇，物價仍屬高檔。這是因為從大批發盤至市場零售商，層層

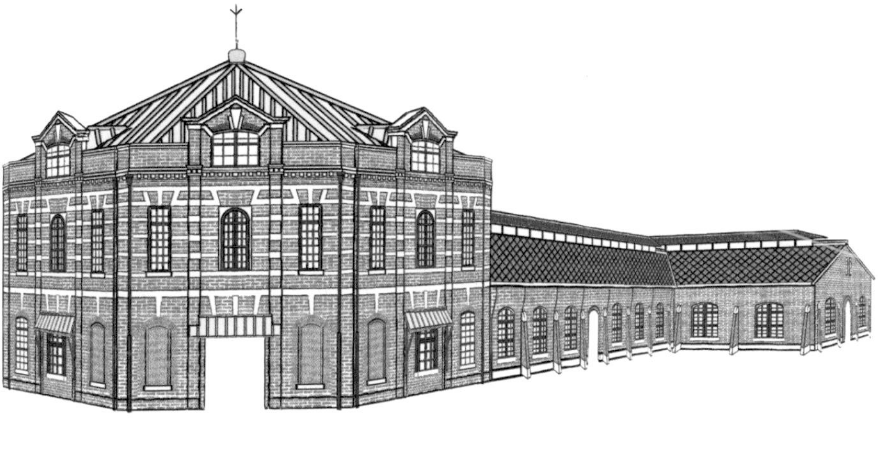

剝削，加上許多人習慣討價還價，所以一般店家故意把價格抬高，預留講價的空間。

一九四五年，日本戰敗後，國民政府來台，新起街市場隨日人撤離而結束魚菜買賣，繼而代之的是「新貴」上海人，乃從滬園京劇一路更迭為紅樓書場、劇場、戲院，成為新移民的娛樂中心，不賣菜的西門市場反而因此獲得較完整的保留。

從沙茶火鍋到麵線，美味傳承數十年

同時，戰後出現在西門紅樓旁有位汕頭人吳元勝，隻身來台闖蕩。起初他在西門媽祖廟旁經營沙茶牛肉的熱炒攤，一九五一年，在紅樓旁的巷子內開設一家「清香火鍋店」，由於口味獨特，掀起了全台愛吃沙茶火鍋的風氣。吳元勝之子後來於峨嵋街開設「元香火鍋店」，其第二代老闆吳振中與吳振豪承繼家業，覓得信義路大安公園旁開店恢復老字號，之後又在忠孝東路另起爐灶，開設「老西門沙茶火鍋」。

現今隨著西門紅樓的修復與活化利用，附近

⊙ 汕頭沙茶火鍋從西門傳承展店至東區。

出現了許多美食餐廳，不過紅樓所在的西門町，在我來到台北上大學、出社會的早期，都是最為繁華的地區，就我們那個年代，有幾家老字號還是令人回味無窮的。

還記得從前中華路鐵道旁的「鴨肉扁」，鴨肉扁的價錢與一般鴨肉店比起來仍不便宜，但可怪也乎，死忠的顧客還是還多，品質其實也很穩定，沒有走精。

要說到西門町的美食，「阿宗麵線」不可不提，一九七五年由林明宗創立，當時他推著攤子和妻子在萬國戲院附近擺攤，連張凳子都沒有，大家都得學日本人那樣立食，站著吃。如今早就有了店面，一度還曾提供塑膠凳子，不知為什麼又撤走了，現在仍然有許多觀光客甘願站在店門前的走廊吃得津津有味。

甜不辣店名大有來頭

賣甜不辣會聯想到將店名取為影集裡的男主角名字：賽門．鄧普拉（Simon Templar），這也算是很天才的點子。

賽門．鄧普拉是英國電視公司製作的影集《七海遊俠》（The Saint，一九六二至一九六九年）中主角的名字。這個角色由後來主演〇〇七電影的羅傑．摩爾（Roger George Moore）擔綱演出。這部大戲在全球播出都造成轟動，台灣則由台視取得播映權，於一九六五年十月二日起的每週六晚上黃金時段十點二十到十一點二十分播出，當時也是沸沸揚揚，變成家戶喻曉、紅遍半邊天的節目。

當時台北西門町有家從開封街起家的賽門甜不辣，據聞是一位吳廣進原本與交關者以打彈珠和射飛鏢來換取甜不辣美食，但因為那甜不辣實在好吃，索性專心賣起這一味。

「西門、甜不辣」唸起來和「賽門・鄧普拉」發音相近，就是這麼巧合。而店家甚至在官網上自述店名由來是因為當時風行的《七海遊俠》影集主角名：「身分來歷不詳，是個極端謎樣的人物。他舉手投足斯文有禮，衣裝講究得體，談笑風生令人傾倒，開著富豪P1800的白色跑車，身邊不乏動人豔麗的美女相伴，出入皆是最高級的場所，……由於這部影集紅到發紫，所以就借用主角賽門・鄧普拉名字的諧音，作為新開張的甜不辣店的名字，這就是為什麼叫『賽門甜不辣』的由來。」

而在現今「臺北市立文獻館」的基地，曾為中華新村。面向中華路的一方，在鐘樓之下有許多外省菜的店，至今想起，仍令人垂涎三尺。諸如趙記山東饅頭（有著名的黑糖饅頭）、張記韭菜水煎包、真好吃饅頭包子店、中華餡餅粥的「褡褳火燒」

⊙ 賽門甜不辣除了名稱由來有趣之外，美味也是成名主因。

等，還有本來賣江浙砂鍋和上海「弄堂菜」的三友飯店（已歇業），與隔鄰品相差不多的「開開看小吃」。尚有一家刀削貓耳朵，光看師傅用鐵片削麵，射入熱騰騰的大鍋裡，就覺得一定很好吃，可惜如今不知去向！也所幸許多美味店家雖大部份遷出，仍在附近有了自家的店面。

冰淇淋和雞蛋冰

冰淇淋在台灣出現的年代甚早。明治四十四年，也就是中華民國成立的一九一一年，清國正發生革命黨暴動，台灣根據當年六月的《臺灣日日新報》報導，艋舺大稻埕區域的冰淇淋商人規模竟達五百人之譜，反應當時激烈競爭的程度。

隨著時代的進步，冰淇淋漸成小販可以推上街頭呼賣的冰品，有幾張日治時期的老照片，內容是街頭上的小販在冰櫃外寫著日文片假名「アイスクリーム」，也有英文ICE CREAM，並有冰淇淋、雞蛋冰等字眼，當時還用一只冰桶，桶子分內外兩層，外面用冰塊和粗鹽巴，保持冰度以免溶化太快，裡面再放一個圓筒裝冰淇淋。

至於冰淇淋為什麼被叫做「雞蛋（卵）冰」呢？有人說是因為外型是顆圓球，像個雞蛋，因此得名，但另外有種吃法是把冰塊很費工的刨成較細的冰花，再淋上煉乳、生蛋汁，這也叫雞蛋冰。

還有一種雞蛋冰是用有如雞蛋般鋁殼製的定型器，將原料灌進殼內，以諸如橡皮帶用力封緊，放在加鹽的冰塊中保存，達到製冰效果，不過這種老方法，現在已不多見了。

在西門永富冰淇淋店內，有張攝於民國五十八年一月一日的老照片，大概是吳永富一家人站在冰淇淋路邊攤前的合照。當時冰淇淋價格是三個一元，照片中有寫著「三色冰三個一元」的小看板。所謂的三色冰，通常指的是芋頭、花豆（大紅豆）和鳳梨三種口味，三種冰會分別裝在特製冰桶中。可是永富他們家的三色冰沒有鳳梨，而是真的雞蛋冰。

賣冰淇淋者，為了吸引來客，也不知從什麼時候起，用一顆橡皮球，前面插上一支喇叭，按壓球便發出叭噗、叭噗的聲響，講究的喇叭造型還會繞上一圈，叫「蝸牛叭噗」。我小時候一聽到這聲響，便死命的跑上前追，其實追上了也沒錢買，可光看也過癮。

吳永富擺攤不久後，在西門町找到一個定點販售，亦即現在那個店面外的走廊位置。這家店面原是別人家的倉庫，其後因為台北市升格為院轄市，此處不准街頭擺攤，於是他回過頭去和房東商議租下倉庫，擺

⊙ 透心涼數十載的永富冰淇淋。

到裡面去，從此定點經營至今。饕客前往時，要注意的是每年十二月底到隔年的二月底，台北店是固定年休的狀態。

如果要列出一張我們那個四、五年級時代的西門町美食，那麼除了永富冰淇淋外，成都楊桃冰、老天祿（有兩家）、很台的日本料理店美觀園、大車輪火車壽司、黃記老牌燉肉飯、玉林雞腿大王、金園排骨、「反共義士」曾德開的自助火鍋等之外，還有一度傳出老闆要退出的「黔園川菜餐廳」，以及已經從西門町四散各地的漢中街美味小館的超大獅子頭等等。想來我雖已年過花甲，廉頗老矣，但遇見這些老滋味，還是很能夠大吃特吃的。

魚夫拋拋走
影片帶路逛

永樂市場

布市之外探索 百年好味道

TAI PEI

永樂市場歷經改建，古今對照，

已經有了很大的變化。

戰後，原市場拆除重建，布匹交易很多，

新的美食攤卻和市場淵源不深，

不過市場內外仍然有些店家受到新一代消費者青睞。

台版親子丼

旗魚米粉

壽司

油飯

杏仁露

日本有部自一九九四年連載起、膾炙人口的漫畫《孤獨的美食家》，故事為久住昌之創作，漫畫則是由谷口治郎繪製，二〇一二年改編成日劇，由演技派男星松重豐擔綱演出，主角名叫「五郎」，罕見連續好幾季收視都屹立不搖。

有一回劇情發展到台灣旅行，五郎逛進迪化街搜索美食，在著名的民樂旗魚米粉旁的永樂担仔麵店點了雞肉便當，將滷蛋放在雞絲飯上，名之曰「台式親子丼」。說來也算勉強是啦，下回日本友人來，這道雞肉飯加滷蛋終於知道怎麼翻譯了。

從菜市到布市

永樂市場歷經改建，古今對照，已經有了很大的變化。日治時期在台灣出生的藝術家立石鐵臣（一九〇五至一九八〇年），一生熱愛台灣，他的作品不管是素描、淡彩、油畫或版畫等，經常以台灣為主題。他在《民俗臺灣》的「民俗圖繪」專欄作品其中一幅畫作就是永樂市場的小吃攤。畫中許多人圍著一家切仔攤，食摵仔麵，吃到爽快處，還單腳蹺到椅條上；畫面左側一角，且有位大爺有椅子不坐，偏要屁股下沉、兩腳彎曲、腳丫子踩在椅面上蹲著吃，這種姿勢台語的漢字寫成「跍」（khû）。

跍咧食飯是古早人常有的動作，有人說是因為從前農人常在田梗上用餐養成的習慣，即使不在田裡而在小吃攤前，還是得要這個動作來享受，才會續嘴。

在立石鐵臣的畫作旁有段文字描繪：「台北市大稻埕永樂市場，櫛比鱗次的飲食店，店內販賣豬腳、鴨肉、冬粉、鰇魚、排骨酥、鹹粥、蚵仔粳、黑棗湯等等。市場內震耳欲聾的喧囂聲，大家習以為常。當地人稱大食漢為『大食七』，小食者為『貓仔食』。」

一八九五年，日本人入台後，為加強管理漢人髒亂的市集，乃開始積極規劃，大稻埕也闢出許多市場。依臺北市文獻委員會的記載：一八九七年（明治三十年），位於六館街（今南京西路西端）之大稻埕市場落成開張，一九〇八年（明治四十一年）改設大稻埕市場於大稻埕蘆竹腳街，一九二二年（大正十一年）改名為永樂町市場。

根據在地文史工作者莊永明老師的考證：「大稻埕市場初建時有磚造平房的本館，約三百多坪，與一座較小的木造平房，為飲食店，其他還有事務所、廁所等；歷年又陸續增建，一九三三年，大規模改築與增建，共八棟平房，可容納二百多家店面，除了本館（生鮮蔬果）之外，還有第一賣店（布疋）、第二賣店（飲食）、第三賣店（和洋雜貨）等等，堪稱全台第一大市場。」

另一方面，新起街市場（今西門紅樓）也同期著手改築新建，一九〇八年的十二月二十日，兩個新市場在新起街市場合併舉行盛大的落成暨開業典禮。

雖然兩個市場聯合舉辦落成開業儀式，但台灣人和日本人的市場基本上是分開的；兩方飲食習慣和食材不同是主要原因之一，立石鐵臣所說的那些永樂市場的豬腳、鴨肉、冬粉、鰇魚、排骨酥、鹹粥、蚵仔粳、黑棗湯等等，對日本人來說當點心或者可以，要成為日常主食是不可能的。

不過在飲食上，台、日人民也逐漸互有交流，一張攝影前輩李火增所拍攝的「一九四〇臺北大稻埕永樂町市場入口」，當時就有家「玉山堂」高掛「臺北名產雞卵卷」的看板以招來客，顯然這種日本食物在台灣也頗受歡迎。

戰後，原市場在一九八二年拆除，並於原地重建，一九八五年完工，改稱「永樂市場綜合大樓」，布匹交易很多，新的美食攤卻和市場淵源不深，不過市場內外仍然有些店家受到新一代消費者青睞。

市場內外歷史悠久的美食

永樂市場內的美食店家較少，只有百年老店「林合發油飯」聲名遠播。聽說大富商郭台銘續弦後喜獲一千金，乃遵古禮，指定百年老店「林合發」的油飯分送親友。不過郭董新舊並陳，還選了「阿默」的彌月蛋糕，而蛋糕的價位比傳統油飯高。

油飯的英文翻譯有人說是Glutinous oil rice，重點在Glutinous有黏性這個字眼上，日文的翻譯，有人說是「台湾風おこわ」，也有主張「炊き込み」者，前者是以一般米為食材，後者是糯米，但都不足以形容油飯。我總覺得要將台灣美食介紹給外國人，

硬翻譯只會作繭自縛，像是滷肉飯在日文裡翻自國語發音的「ルーローハン」或台語的「ローバープン」都通，就像Pizza、拉麵等，把音記住了，反而吃得到真正的在地味道，油飯當然也是。

市場旁歷史最悠久者，就是自日本時代開始在大稻埕挑擔叫賣的「民樂旗魚米粉」，四十餘年前才有民樂街這家店面，後來也賣起紅糟肉、炸豆腐等，生意沖沖滾。

市場面對迪化街這排店面，有一家透心涼的「顏記杏仁露」，冬天也賣紅豆湯和花生湯，僅十二月到五月有供應。平常點熱食找男老闆，點涼的就找女老闆，付錢也是；他們白天分開營業，晚上才一起回去。

「丸隆生魚行」也是人氣店，每天從基隆崁仔頂送來生鮮漁貨做成手握壽司平價賣出，怪不得天天排隊。

如果還不滿足於以上幾家，其實永樂市場旁鄰的迪化街區，不也就是一條有食閣有掠的美食街嗎？

⊙ 日本時代即開始營業的旗魚米粉，至今仍受歡迎。

魚夫抛抛走
影片帶路逛

城中市場

老書街區旁
人聲鼎沸的熱鬧市場

TAI PEI

號稱有百年以上歷史的城中市場，
平常人聲鼎沸，每逢年節總萬頭鑽動。
如今在老台北人的印象裡，
城中市場不只是市府規定的攤販集中路段而已，
也包括了武昌街和以北的商圈。

紅油抄手
魷魚羹
擔擔麵
牛肉麵
豆花
排骨飯
愛玉冰

重慶南路是我年輕時台北城最著名的書街。我喜歡讀書、買書，從求學時代便常在這一帶閒逛，一逛就是一整天，肚子餓了，就鑽進巷子裡去找美食，而城中市場自然不可錯過。

台北城中市場號稱有一百五十年以上歷史，平常人聲鼎沸，每逢年節總萬頭鑽動，不過所謂的一百五十年，卻沒有正式官方記錄，大概是和一八八二年清廷規劃臺北建城伊始結合在一起，謂當時台北府衙前的府前街為基礎，北接大稻埕的北門街，西接艋舺西門街，因位於這三大市街的交會處，所以逐漸形成買賣交易的滙集處。

雖然此說不無道理，但如果以一八八二年建城至今起算，則尚未滿一百五十年，還差十年之久。其次，依臺北市市場處的說法，將俗稱的城中市場歸類為「城中攤販集中場」，是「因三、四十年前衡陽路、博愛路一帶以布商為主，該地區遂自然形成販賣服飾、百貨，且臨西門町週邊，為因應實際需要，……就地規劃為臨時攤販集中場。」

再依《臺北畫刊》所稱：「城中市場曾是城內唯一的傳統市場，日據時原為日人宿舍區，二次大戰遭美軍炸毀。光復後，台灣人移進城內，聚落漸多，為滿足民生需求，沅陵街中心的巷弄內（屬武昌街二十二巷）便形成了市集。民國六、七〇年代，城中市場逐漸從菜市場轉型為女裝服飾街。市場內的成衣攤也蔓延到沅陵街，成就今日街區商業樣貌。」

因此所謂一百五十年以上歷史的城中市場，不知所本為何？

老台北人心中的城中市場

如今在老台北人的印象裡，城中市場不只是武昌街一段二十二巷南至沅陵街的市府規定路段而已，也包括了武昌街和以北的商圈，只是這一帶有一大片私人土地，如今要進行重建，打算將明星咖啡館以西一整排街屋拆除，緊鄰的許多小吃商家也面臨搬移的命運。所幸其中的台北文學重鎮——明星咖啡館，聽說「不在拆除之列」。

作家白先勇曾經為文描述明星咖啡館，說這大概是台北最有歷史的咖啡館了。他大學和文藝青年聚會的時代，那時候的老闆是一個白俄人，蛋糕做得特別考究，奶油又新鮮，一樓走廊還有位詩人周夢蝶，大隱隱於市在那裡擺書攤。

我只消去重慶南路買書，買完就急著到明星去找個位置打開包裝翻閱，先睹為快，於是偶而也會遇見文學大跤，沾點文人氣息。若就美食來說，明星的俄羅斯軟糖和羅宋湯，至今仍是難忘的滋味。

說到美食，老實說，並不在有官方認證的城中市場，而是集中在北邊漢口街的巷子裡。其中的無名魷魚羹，使用活魷魚和魚酥，以柴魚炕湯，以紅蔥頭增益氣

⊙ 無名魷魚羹遷移之後，生意仍然沖沖滾。

味，再牽羹後，交錯出獨特的口感來，頗受歡迎。現面臨拆遷重建，來到南邊的武昌街一段巷子內繼續營業，生意仍然沖沖滾，不過連帶本來擠在一塊的水果行、「黛剪髮造型」也都搬到沅陵街去了。

本來魷魚羹的對面是「大家美食愛玉檸檬冰品」，這店已有數十年的歷史，攤頭總是擺上數顆搓出果膠後的愛玉子，以示真品。愛玉之外，還可像吃八寶冰那般添加許多配料，盛夏之季，食來心涼脾肚開，消暑效果十足。在其旁則為「城中豆花伯」，也是數十年老店，仍跟八寶冰一樣可以加入許多餡料。

變化中的美食，把握時間趕緊品嚐

進入巷子，有幾家必嚐的牛肉麵，其中「城中老牌牛肉拉麵大王」最常去交關。這家店的老闆謝錦發早先從鄉下來台北找姊夫學製麵，後來跟山東師傅學了手藝，在路邊賣起牛肉麵，而如今店裡夥伴們則是後來向當時韓戰（一九五〇年）戰俘身份來台的四川阿兵哥學做牛肉麵，因此是四川口味。唯獨頗富嚼勁的麵條，現已交由第二代年輕人謝增賢來製作，至今仍堅持半手工的方法，麵粉兌水全靠經驗，麵團要壓三回才會平均。雖然沒有全自動者來得外型好看，但久煮不爛且極富嚼勁，不管是用來拌炸醬麵或牛肉麵，都杲（Q）彈好吃。

中南部進台北城的朋友，覺得台北物價較高，不過離車站不遠的城中市場也有便宜大碗又好吃、公認CP值高的「阿順排骨飯」。大概是佛心來著，這家的排骨份量大，還可搭四樣菜，食畢飽嘟嘟的捧著大肚腩，風乎舞雩，詠而歸。

還有一家「成都抄手」的擔擔麵，滋味帶點微酸和麻辣，再經海南人巧手烹煮，自然就是台式的擔擔麵了。「抄手」照字典解釋，乃「兩臂交叉於胸」之意，因為餛飩易煮快熟，所以煮起來只消將餛飩往鍋裡扔，然後兩臂交叉於胸，眼睛稍稍盯住，沒多久即可撈起來滴水，放入碗中，加入沾醬，再落一句「Piece of cake」，就能很傳神形容煮餛飩「抄手」的意思了。另外有一種說法，因為餛飩的最後一道工序，是將麵衣兩頭抄到中間摺起，乃因此被稱之為抄手。

這一代的美食地圖，真的值得大書特書，然而這一帶的地貌因都更正在快速改變中，如不快去逛逛市場，以後會怎麼變化就不得而知了。

魚夫拋拋走
影片帶路逛

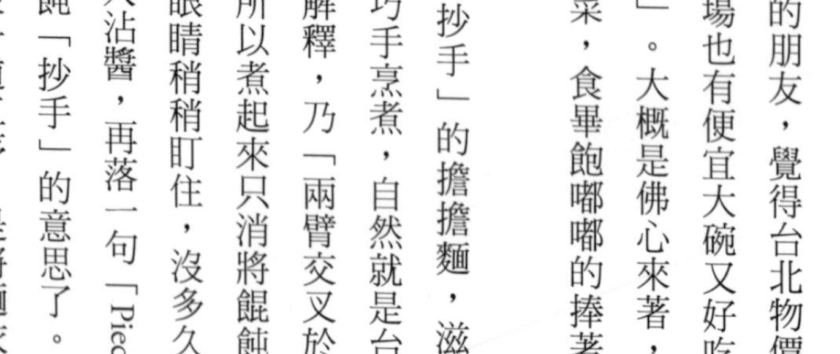

⊙ 成都抄手的擔擔麵搭配紅油抄手，是店中招牌必點。

松山市場

早市加夜市，從中午吃到晚上

TAI PEI

相信許多人和我一樣，
都是為了台北CP值最高的水餃而來，
他們以便宜大碗又好吃來吸引顧客。
但既然來到松山市場，
一旁的饒河夜市美食小吃又怎能錯過？

肝連湯
肉圓
意麵
酸辣湯
水餃

有百年以上歷史的松山市場，因為被包圍在著名的饒河街夜市裡，夜市的美食多不勝數。簡單講，大家都是為了尋找美味而來，再加上大賣場的興起，松山市場所扮演的傳統交易功能逐漸被取代，白天反而趨於沉寂，在接近中午時，才陸續出現人潮，大部份都是為了午餐而來，鮮少看見買菜的人口，但也只是市場裡幾家美食攤子人聲稍顯嘈雜。一旁偌大的夜市靜悄悄的，就算太陽曬到屁股，由於昨晚一夜喧嘩，睡不醒的店主多的是。

從家畜市場開始百年歷史

松山的舊地名為「錫口」，意思是「河流彎曲處」，所謂的河流就是當今的基隆河。地名的起源最初音譯自平埔族原住民巴賽族的Malysyakkaw（或Malotsigauan）社。漢人進入台灣拓殖後，成為漢人移民地，泉州同安人的聚落，稱作錫口庄。

漢人的市場大都以廟口為主，而當時已建成的慈祐宮前廣場就變成臨時的攤販集中地。當時中國廣東、福建由於耕地不足等原因，許多先民冒險渡過黑水溝來台灣討生活。日本時代，隨著漢人越聚越多，又因這裡地處水運樞紐，於是日本政府決定規劃錫口為工商重鎮，乃於一九〇九年（明治四十二年）六月十日於此設立台北家畜豬隻屠宰集散場，名為「松山庄家畜市場」，大抵就是今日的松山市場基地。

日人在台統治，有了市場，幾乎同時禁止流動攤販，這當然是為衛生健康的考量，然而戰後卻一度任由攤販麇集，一九四一年至一九七一年間規模達到最大。到了一九七五年，北市府將饒河街拓寬，衍生松山、南山市場的風貌丕變，一直到一九八七年饒河街觀光夜市掛牌開業，才又起死回生。

二〇〇六年三月二十二日，台北市政府核定「松山市場為本市市定古蹟」，是松山地區目前唯一具有百年以上的傳統市場歷史建物。現在咱們要是去松山市場，如果用心觀察，就會發現原有部份日式木構桁架仍然存在市場內。

上班族午餐的超值選擇

現在的松山市場名氣當然不會超過饒河街夜市，但「經濟部樂活市場」仍然推薦了場內攤商如阿布拉小吃店、長廊義大利麵、源記鮮魚號和冠捷小吃等。其中冠捷小吃的炸肉圓雖然只得到一星，由於味道香脆，在網路上還算頗有人氣。

此外這裡因臨近捷運松山站，諸如祥發烏龍麵、現做大眾便當、東芳小吃店、秀姊小吃店、阿甘越南美食及郭家麵店的意麵配肝連湯、黑輪等，都是許多附近上班族解決午餐的選擇之一。

但是相信許多人和我一樣，都是為了台北ＣＰ值最高的這家水餃而來，這家無名水餃店的酸辣湯或福州魚丸都和水餃很「四配」，因此下回想逛饒河夜市，也請不要忘了松山市場裡這些奮戰不懈的店家，雖然敵不過饒河街的豐盛，不過他們仍以便宜大碗又好吃來吸引顧客哦！

除了經濟部推薦的市場美食之外，米其林必比登也推薦了幾家饒河夜市攤家，既然來到這附近，又怎能錯過？

⊙ 松山市場內的無名水餃店，以 CP 值超高聞名。

饒河夜市必吃的米其林美食

說來奇怪，饒河街夜市美食攤在米其林必比登官網上，如今留存的四家為麻糬寶寶、陳董藥燉排骨、福州世祖胡椒餅和阿國滷味。其實米其林的評比標準有三類，分為米其林星級（Michelin Star）、米其林餐盤（Michelin the Plate）和必比登推介（Bib Gournand），其中米其林餐盤指的就是「還沒升上將軍的校官」，肯定店家食材新鮮且細心準備，將來有可能入選星級餐廳。不過從二〇二一年起，米其林餐盤推薦改為「米其林指南入選餐廳」（Michelin Guide Selected），概念與餐盤推薦相當。

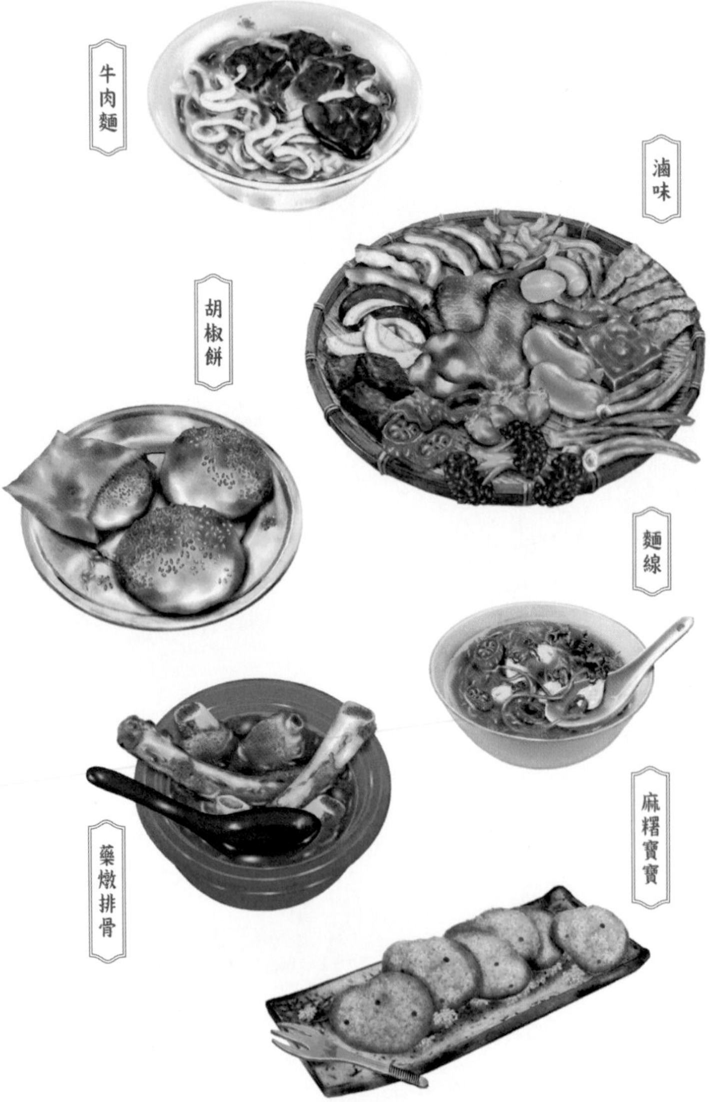
牛肉麵
滷味
胡椒餅
麵線
麻糬寶寶
藥燉排骨

在饒河夜市裡，「東發號油飯．麵線」就是在二〇一八年曾獲台北米其林餐盤推薦。我年輕時曾住在台北南京東路五段，離我最近的夜市就是饒河街，而東發號自稱是創立於一九三七年，記憶中最早開在松山福德宮後面，現於斜對面有了自家的店面，賣的還是那三味：油飯、麵線和肉羹；肉羹的勾芡不是那麼濃郁，可能是適合台北人口味吧。

二〇一八年還有家「施老闆麻辣臭豆腐」入榜，賣的是麻辣臭豆腐和麻辣鴨血、腸旺，也可麻辣臭豆腐加鴨血加大腸，還有油炸臭豆腐等，但是隔年就掉到榜外去，然而得獎的好處是，用餐環境比從前好多了。

二〇一九年有家靠近塔悠路口的無名紅燒牛肉麵、牛雜湯入選必比登推介。老實講，米其林的評選是不公開的，為什麼是這家？為什麼是那家？常令人跌破眼鏡。可能評選當時摻入一些個人主觀口味吧？這家牛肉麵攤上高掛卡通牛頭以供辨識，自雀屏中選後，加裝了直立式黃底燈箱，上書米其林夜市美食。攤車前有六張椅子，旁有兩張方桌，食物端來是用紙盒。這家的乾麵、花干都可一嚐，只是老闆說，得了獎也沒那麼興奮啦，多做多累啦，從此便不再蟬連，可是生意早已沖沖滾了。

牛肉麵攤車旁，還有一家麻糬，雖然不錯吃，但想不通夜市裡美食百百家，為什

⊙ 麵線仍是東發號店內三味之一。

麼獨鍾麻糬，想來就是不必費心去問，吃過就冷暖自知了。

我是屏東林邊人，隔壁東港鎮上有一種名產「雙潤糕」，常搭著麻糬一起賣，因為兩者都是以糯米為食材，老闆告訴我好吃的祕訣就是要「舂」（台語唸tsing，「搗」的意思）得徹底，才能打出彈牙的口感，這就是麻糬好吃與否的關鍵。

這家麻糬寶寶的麻糬沾料口味有芝麻、花生粉兩種，全部手工，只有攪拌過程是機器代勞。

到訪必吃藥燉排骨

二〇二〇年的米其林必比登推介名單中，台北就涵蓋了三十一間店家，其中藥燉排骨的品相，由饒河夜市的陳董藥燉排骨和士林夜市的海友、十全蟬聯推介。

必比登推薦「陳董藥燉排骨」的理由是：「屹立三十餘年，以豬肋骨及中藥材燉煮而成的湯頭呈琥珀色，清甜溫潤。喜愛滋補者可來一客藥燉羊肉。」

台灣人的傳統觀念裡，至今仍有「有錢補冬，無錢補縫（pāng）」的觀念，而英語裡也有句「What you

⊙ 陳董藥燉排骨符合了多項美味藥燉排骨的條件。

eat is what you look like.(你吃什麼就是你長的樣子)」。看來吃形補形，好像東西方都有人贊同，沒事吃點補無妨。

老實說，藥燉排骨其實是古早窮人的補品。陳董藥燉排骨的老闆夫婦，早期是以販售衣服維生，後來生意難做，乃回鄉去想些辦法，老闆娘吳秀盆的婆婆心血來潮，提到從前給小孩補身子轉大人，在資源較貧乏的家庭裡，就以藥燉排骨來滋補。過去排骨這種食材不是免費就是便宜賣，於是將做法傳授給媳婦，看看能不能做為一門生意。這招果然奏效，想來在夜市裡，就是嚐點藥頭過過癮罷了，藥燉排骨乃恰如其份的扮演「甘草」的角色。

不過這藥燉排骨湯頭一定得濃郁，有些店家生意好、人潮多，便有稀釋的口感出現；其次排骨肉要軟嫩不塞牙，輕輕一咬就剝了下來，最後如有自製特殊口味的豆瓣沾醬，那就更完美了。

陳董的藥燉排骨是我到夜市裡經常交關者，符合我對藥燉排骨的要求，而且酒味不會過重，食過應不必擔心酒駕。

饒河夜市美食吃不盡

福州世祖胡椒餅也曾經入選，評語是：「胡椒餅現做現賣，皮薄香脆，餡料肉汁淋漓且充滿辛香胡椒味。極受歡迎，常見人龍。」一雖然在二〇二二年落榜了，但生意仍然好得像要看電影的九曲盤龍般的排隊繞行才買得到。

老闆吳玉成跟我說他十六、七歲便入行了，當時因緣際會遇見一位福州師傅，學習幾年後別起爐灶，繞了台北街頭幾處地方，最後在夜市覓得今址打響名號，連香港人都來嚐鮮。

有人說胡椒餅源自於波斯的一種發酵麵餅，翻譯成饢或南餅，是伊朗、中亞和南亞諸多民族的主食之一。作法是將發酵好的麵團壓扁，再以擀麵棍滾平，形狀通常是大如人臉的一張餅，講究一點的還要打印，印上些花紋，再將餅面刷過油後放入饢炕（吐努爾）裡貼壁烤熟。這和製作胡椒餅的過程非常相似，因此推斷是移入福建的穆斯林食物，衍化成今之胡椒餅。

「胡椒」二字，我猜本可能為「福州」之意，而胡椒餅也應是「福州餅」的台語訛音，不過沒有充份的證據來斷言，倒是有許多餅家都宣稱元祖是福州人罷了。

舉例來說，有一回在金門的餐廳，出來一道胡椒包，但明明看來是刈包，在台灣又稱「虎咬豬」，上下厚片麵團如老虎張口咬住豬肉而得名，但金門不說刈包而言「胡椒包」，以前是在包裡塗上一層油，撒上胡椒，故名「胡椒包」。

⊙ 夜市裡的排隊名攤——胡椒餅。

另外一間米其林必比登評審的最愛是阿國滷味，連年上榜，屹立不搖。其實這家滷味從一九八八年創業伊始，至今在新北市樹林興仁花園夜市、新店安和國際觀光夜市和桃園市八德興仁夜市等，都有設點擺攤。

饒河夜市這家店其實在夜市外八德路上的松山慈祐宮右側，也是高懸招牌「必比登推介，夜市街頭小吃」。必比登推介評為：「位處夜市入口，售賣各式滷味，其中鴨翅和脆腸大受歡迎，亦推薦爽脆清甜的玉米筍。」其滷味品相很多，愛吃什麼，夾一塊當代表，即有後續處理。

老實講，饒河夜市的小吃美食太多了，分散日子吃過一輪，自己心中的感覺還是最重要吧！

魚夫拋拋走
影片帶路逛

士林市場

老台北人共有的市場印象地圖

TAI PEI

看見士林老夜市的舊照，都令我懷念不已，
心中那張久遠的美食地圖就逐漸浮現出來。
相信有許多老台北人都有同感，
也有屬於自己獨有的士林美食地圖。

麵線
蚵仔煎
涼麵
十全排骨
水煎包

一九八〇年，我到台北求學，從此台北一住三十年。三十年中，說到夜市，士林夜市一定要去朝聖，連外國觀光客來，士林夜市也算熱門景點之一。

如今在網路上看見士林老夜市的舊照，都令我懷念不已。網稱「懷舊達人」的張哲生先生在一九九〇年一月十一日曾拍下士林夜市即景，鏡頭記錄了當時臭豆腐二十元、雞蛋蚵仔煎三十元、生炒花枝羹三十五元，還有六六六廣東粥、木瓜牛乳、重量級牛排、糖葫蘆、滷味攤、大腸煎與台南碗粿等等，心中那張久遠的美食地圖就逐漸浮現出來。

相信有許多老台北人都有同感，也有屬於自己獨有的地圖，只是如今的士林夜市規模，精確來說，一樓是市場，地下一樓才是夜市，因為藏到地下，感覺卻是空空蕩蕩，令我感到非常失落。

由信仰中心開始的熱鬧市集

士林市場是台灣少數仍保有日本時代市場建築者之一，市集發跡於一九〇九年左右，當時和西門町新起街市場（一九〇八年）、大稻埕市場（一九〇八年，於一九二二年改名永樂町市場）等都是台北市民重要的市場。後來總督府進行「市區改正計畫」，一九一三年興建慈諴宮前的士林市場，於一九一五年峻工開幕。留存至今、現有的長短棟磚造量體，歷經百餘年仍堪使用。

俗稱士林媽祖廟的慈諴宮是士林市場形成的起源，根據陳玉箴所撰《「台灣菜」的文化史：食物消費中的國家體現》書中研究，認為士林市場歷史悠久，可溯自漳泉械鬥後。一八六四年（清同治三年）於現址重建廟宇之初，地基本以井字形規劃，後來逐漸發展出肉市（大東、大西街）、瓜／花市（大南街）、柴市（大北街）、菜／魚市（廟前）等不同區塊。

進入日治時期，再依士林賢達潘迺禎（一九一八至一九四五年）的研究，士林市場從一大早約四點鐘，攤商就開始陸續聚攏準備。七點開市，除各地農產品外，更有多種點心食物，如杏仁茶、油車粿（油條）、九重蒸、焿仔粿、粉粿、紅龜仔粿、土豆糖（花生糖）、米篩目（米苔目）等，如此人聲鼎沸，直至十一點才較為平息。

同時流動攤販也不少，有賣冰、賣甘蔗的，還有賣水果、點心、包仔、麵、炒蝦煮、米粉、粉條、四果湯、綠豆湯、芋圓、石角芋（士林名產）、魚丸、魚翅、煙腸（香腸）等琳瑯滿目的食品。到了夜幕低垂，則出現排骨湯、扁食（餛飩）等熱食小吃攤，甚至賣藥藝人也不在少數。

戰後士林市場當然仍舊是盛名不墜，不過一九九八年起政府基於消防安全與衛生管理問題決定重建市場，將攤商暫移他處，可是中間遭遇種種問題，歷經十二年，才在二〇〇六年於原地再度營業。經過如此漫長的歲月轉變，對許多人來說，美食記憶多數並不是在現有的地下商場，反而存在於繞著慈諴宮旁的商家，而且幾乎每個老台北人心中都一張自己旳士林美食地圖。

安排自己的士林美食體驗

號稱十全排骨創始店的「士林十全排骨」，就位於士林市場的基河路市場入口。十全排骨或說藥膳排骨可說是士林市場的名物了，而米其林必比登所推薦者卻是大東路上的「海友」，推薦理由是「開店逾四十年，其湯品以祕方燉製，每種使用十五種以上中藥材，香醇味美且具保健功效」。

大餅包小餅也是士林特有的創作食物，和藥燉排骨、檸檬愛玉、燴炒花枝羹、士林大香腸等號稱市場五大招牌小吃，且至今咸認現位於地下街六十七號的「老士林」是原創者。故事是一位陳慶昌在士林市場租了間店面，賣起油炸酥餅，幾年後有位老友前來投靠，在他隔壁賣起鍋餅，不久卻不幸病逝，陳慶昌乃試著將鍋餅包他的酥餅合起來賣賣看，不料因此一炮而紅。

市場裡許多商家為了生存，更是苦思如何出奇致勝。基隆廟口有一口香腸，這裡

⊙ 十全排骨味美香醇，是士林市場的名物。

則有士林大香腸，但實際上的創始者則為「龍飛香腸」，市場內的攤位早已撤去。

一九七二年開業的忠誠號，創始人朱忠誠本來在媽祖廟前專賣麻油豬肝湯，生意越做越大，許多親戚朋友也都來幫忙。第二代老闆把上一代所賣的各式小吃統合起來，除了蚵仔煎之外，還有天婦羅、生炒花枝和豬肝湯，四者合稱四大天王。

廟口周圍的美味小吃也有外地猛龍過江來闖天下，如豪大大雞排據說師承台中「小王大雞排」的醃製祕方而來，成為這一帶著名的人氣店。

廟前廣場緊挨兩攤麵線，其一是有四十餘年歷史的阿亮麵線，以大腸、蚵仔和肉羹為主要配料，滋味甚佳。但被米其林必比登相中者，則為阿輝麵線，理由是：「攤子臨近廟口，不設座位。麵線帶蔬菜甜味，實而不華，設兩種份量，也可加配花枝或大腸。」

入選米其林必比登推介

米其林必比登在士林市場一帶推薦的店家還有「好朋友麻辣涼麵」和「鍾記原上海生煎包」。

⊙ 廟前廣場的兩攤麵線各有特色，阿輝麵線還有米其林必比登的認證。

好朋友麻辣涼麵連續四年榮獲台北米其林必比登推薦，其涼麵配味噌蛋湯吃過者都說一口接一口，續嘴好吃。米其林必比登的推薦理由是「麻醬涼麵除了麻醬香，更滲出檸檬清香，與別不同；也可加上特製辣醬。別忘了配上一碗台式味噌湯加蛋」。

「涼麵」一詞應是於戰後才在台灣出現。戰前時期，一九二九年六月十三日，台灣社會運動先輩黃旺成在他的日誌裡，便記載了「冷麵」一詞，由此大膽猜測，夏天的台灣涼麵，當以日式冷麵為主。不過在嘉義和台南交界，很早以前就出現一種豆菜麵，這也是一種台式涼麵，推斷在清末或日治時期就已經有人販售了。

台式的川味涼麵是戰後從眷村開始風行起來的，傳統做法是醬料精挑細選出花椒、麻醬、醬油、醋、蒜水、麻油、糖等十數種口味的配方，才做得出來帶點麻辣卻很爽口的涼麵來。

鍾記原上海生煎包這家店的命運多舛，至少搬過五次地址，其實最早是由一位隨國民黨政府撤退來台的上海人在面對陽明戲院的左手邊，在好幾攤的水煎包最外面擺出了一攤，唯獨那攤的生意最好，後來交給親戚鍾芳雄夫妻接手經營。因為生意太好，人龍排到影響交通，只好到附近巷子內租下店面，卻碰到房東要把房子賣了，於是租到現址對面，並和房東合作。房東見生意好，房子收回自己做，只好去註冊店名「原上海生煎包」，強調這家才是正港的老店。現鍾姓夫婦已退休，店面交由女兒和義弟繼續經營，並得到米其林必登的推介，應該算是保住了招牌。

鹹水雞與啤酒是新世代絕配

同場加映，近年來啤酒競爭之中，IPA（India Pale Ale）嶄露頭角，尤其盛暑時來一杯，雄雄給它喝下去，真是有夠透心涼。夜市裡有家「取締役」（日語「董事」之意），老闆姓游，本來是做服飾之類的生意，但競爭太過激烈，索性專賣起啤酒來，提供Double IPA、Triple IPA、Imperial IPA等不同品牌。飲酒之際，無妨和老闆聊聊士林夜市的歷史，也可自行外帶下酒菜，不過要收清潔費。

如果運氣好，可以先到「阿姨鹹水雞」排隊進去搶包鹹水雞來，我覺得和啤酒最「四配」。阿姨鹹水雞的品相很多，超過五十餘種，雞胸、雞翅、雞腿、雞心、雞脖子等應有盡有，再搭水果、青菜，拎著去喝一杯，那真是很幸福的事。

魚夫拋拋走
影片帶路逛

新富市場

市場內到市場外，食食通的天堂

TAI PEI

短短的一條三水街涵蓋相鄰三個市場，
空間明亮舒適，老市場、老攤都活化起來了。
如今東三水街市場、新富市場及新富町文化市場，
再加上靠近艋舺的美食集中區，
簡直就是美食家的天堂了。

紅龜粿

握壽司

炸物與火鍋料

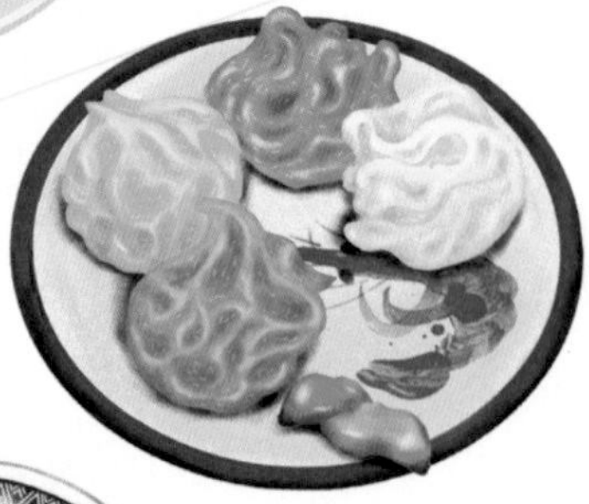

彩色水餃

鹹蜆仔

新富市場是承繼了「綠町食料品小賣市場」，原址大概就在今日大理街、萬華區公所附近，綠町因離人口聚集區太遠，經營得不算成功，總督府便另在新富町規劃了今天那座馬蹄型的新富町市場。新市場在一九三五年一月七日破土興建，而且蓋得很快，同年六月二十八日就落成啟用。

市場整體造型是一層樓的鋼筋水泥建築，捨繁複裝飾，採接近現代主義重視水平弧線的風格，平面配置為U字馬蹄型，中間開有通風採光的天井。

按忠泰建築文化藝術基金會所出版的《市場歲月：新富町庶民生活的軌跡》所述：「新市場配置了事務所、管理員宿舍、腳踏車停車場及公廁；館內則有生鮮、雜貨、菸酒、糕點與食器等三十多個攤位。攤商與客源台日都有，市場口聚集了各式各樣的商販，裡頭又有日本進口食材可以買，更有一間服務市場的製冰室，攤商們用來保鮮的冰塊，都由小小製冰室源源不絕地供應。隨著市場播放的日

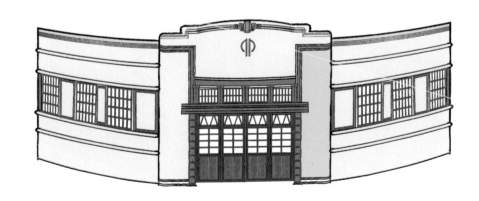

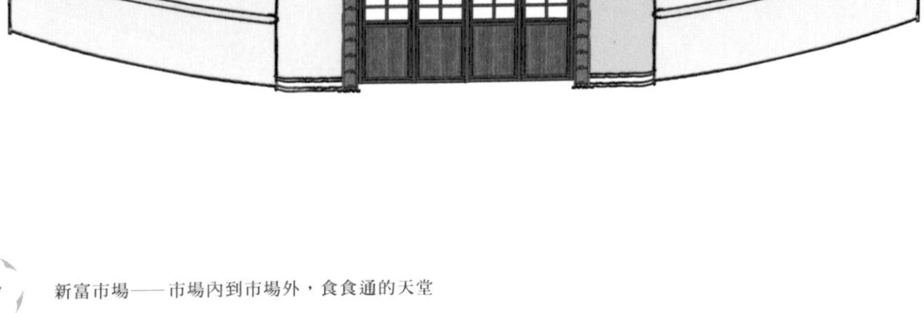

本民謠，『新富町食料品小賣市場』成為艋舺人生活中不可或缺的市場。」

市場啟用後，日人和台民都來買賣，生意沖沖滾，卻因此引來攤販麇集。這對合法進駐市場內的攤商很不公平，日本政府只好在一九三七年把攤販也列入管理。

太平洋戰爭爆發後，這座市場暫停營運，到戰後重新啟用，卻又因疏於管理，整個市場髒亂不堪，加上受到新建環南市場的影響，有漸趨沒落的態勢。所幸幾經整頓後，秩序井然。

現在短短一條三水街涵蓋相鄰三個市場，自康定路至昆明街共計一百二十三個攤位，再經二〇一三年的改造，空間明亮舒適，老市場、老攤都活化起來了。如今東三水街攤販集中場（當地人慣稱「東三水街市場」）、新富市場及新富町文化市場，再加上靠近艋舺的美食集中區，簡直就是美食家的天堂。

整個市場都是獵食的戰場

年輕時由於任職報社，社址即在附近，所以整個市場區域都是我獵食的戰場，但美食實在太多，只好寫幾家個人偏好且具特色的攤位。

從三水街的入口進入，首先映入眼簾的是有名的「竹圍土雞」。這是在地人選購甘蔗雞、鹽水雞的老店，其中果凍雞外皮鮮嫩，肉質甘甜多汁，看起來像果凍般的誘人，頗受歡迎。

雞鴨買賣也見證了市場的歷史。一九六○至七○年代，雞隻生意來到顛峰，許多中南部來的年輕人到市場討生活，索性就地蓋起「半樓仔」違建棲身，一樓則宰殺雞鴨。

「艋舺大豐」原名為大豐魚丸店，薪傳三代，炸物、火鍋料、各式海鮮製品琳瑯滿目，多不勝數。店裡最有人氣的是炸牛蒡，買好這裡的熟食，還可拎著食物往旁邊那棟馬蹄型建築「新富町文化市場」裡的一家愛白天喝酒（昼飲み）的店「萬華世界・下午酒場」，點來啤酒，渡過微醺的午後時光。

⊙ 艋舺大豐魚丸店已薪傳三代，海鮮製品多樣化，選擇豐富。

大豐旁的油飯由名喚林銀的阿婆經營，她的攤子沒店名，但因頭髮很早發白，所以就稱阿婆油飯，現為二代目。這家油飯是採新米和舊米間「半新不舊」的長糯米，洗淨、浸泡後加入自製豬油，用木桶蒸四十分鐘，就是熱騰騰、膾炙人口的油飯了。

「多餃舍」的餃子色彩繽紛，使用紅蘿蔔、菠菜、紅麴、燕麥等天然素材，調配出多種色彩，光視覺就勝人一籌；其內餡長期選用三峽的黑豬肉，梟彈好吃。二○○

九年贏得「天下第一攤」網路票選百家攤商，二〇一六及一八年皆榮獲台北市傳統市場節生鮮類金賞獎。

老派風格的美味不能少

金和壽司則是便宜大碗又好吃、CP值超高的日本握壽司店。先前來這間只能外帶，也可以於隔鄰已經營一甲子以上的「丸合鮮魚」處先選喜愛的漁貨，再遞過來製作生魚片或握壽司。後來開店了，吸引了更多人來交關。

「紅龜伯」指的是二代目老闆董敏卿的父親。紅龜伯早年在艋舺賣粿，後來遷到新富市場，當時市場機能不完整，得用「佔地為王」的方式搶位置來呼賣，最後再搭起竹棚。起初只販售兩種粿，現在熱鬧多了，芋頭粿、紅龜粿、菜頭粿、鹹綠豆粿、草仔粿、油飯、鹹粿等擺了一店，會買回家當點心的，可是我這種老派的風格。

鹹蜆仔則是我母親的最愛，早餐一個個慢慢吸吮，不亦樂乎。在市場裡就有這麼一攤鹹蜆仔，這家

⊙ 紅龜伯的紅龜粿是美味的老派點心。

鹹蜆仔除了蔥、薑、蒜、米酒、醬油，還有一味祕中祕，就是在滷水裡加入茶米茶，使得滋味更香醇，也不會死鹹。這家店一賣就是六十年以上了。

以上提到的只是市場內的美味，三水街另一端到龍山寺的精彩美食也不遑相讓，住在艋舺的老台北人真是幸福啊！

魚夫拋拋走
影片帶路逛

台北南門市場

做好外省菜
必訪之地

TAI PEI

台北南門附近，
當年大批接收日式宿舍的外省籍官員
大部份來自江、浙一帶，
南門市場漸成販售江浙食材的市場。
以江浙菜為主的餐廳，每天買菜，
南門或東門市場常常非去不可。

湖州粽
清蒸臭豆腐
湖南臘味
心太軟
蛋餃
千層饅頭

曾有家餐廳的老闆跟我抱怨，想做上海菜時，離開台北市就巧婦難為無米之炊，這是因為一出台北，人生地不熟，市場之外不知去哪裡才找得到某些特殊食材，其次也實在沒有像台北南門市場備貨備得那樣齊全的。

從千歲町市場到南門市場

清領時期，南門是台北的物產集散地，日本人入台後，積極管理，乃於一九〇七年（明治四十年）的千歲町一丁目成立台北第一處公設市場，不久正式命名為「千歲町市場」。不過那時候，因生熟食習慣的不同、文化背景的差異等因素，日本人和台灣人的市場基本上是分開的，但因為日人積極規劃南門和東門一帶區域為日人高級官吏生活社區，尤以南門為甚，所以千歲町市場成為日人重要的生活必需品補充市場，也同時是少數台民和日人可共處的市場。

日本戰敗後，日人引揚被遣送回國，南門附近大批日本宿舍為國民黨政府的外省籍官員接收，大部份來自江、浙一帶，所以千歲町市場被改名為南門市場，也漸成販售江浙食材的市場。從前我在麗水街去過一家餐廳，雖然各省菜都有，但仍以江浙為主，所以每天買菜，南門或東門市場常常非去不可。

日本時代即開始的南門市場，位於台北市羅斯福路一段與南海路交會處，從舊照看，和士林市場的長短棟外型類似，也都是平房。一九七九年，南門市場因為老舊等問題進行改建，地下二層、樓高十層的新大樓於一九八一年完工，其中市場佔三層樓，內部空間總面積約二二五四坪。市場規劃一樓為熟食、南北貨；二樓是百貨飲食；地下一樓是生鮮蔬果、魚、肉，還有一些南北貨等。二〇一九年十月七日，南門市場又動工改建，於是市場內許多老字號暫時遷到位於杭州南路二段的「南門中繼市場」營業。

二〇二三年十月，南門市場改建完成，暫棲中繼市場的許多攤商也重返原址，仍然是提供外省菜食材的重要所在，也設有美食街，但大都並非歷史悠久的店家。來到南門市場，要記住的是哪些重要食材供應商。而新市場重新開張，還會進駐哪些膾炙人口的美食攤位，就令人非常期待了。

南北貨與節慶美食通通有

對南門市場熟門熟路的老顧客來說，「快車肉乾」絕對是熟悉的名店，南門市場是其全台分店的總店，開業三十餘年了。日本職人常將「拘り」（讀做kodawari）掛在嘴上，意思是對其技術上的一種堅持，那麼以家族祕傳的醬油醃製豬後腿肉，再經真空按摩烘烤製成各式肉乾，就是這家肉乾的拘り了。除此之外，另一家金龍肉乾亦屬上選。

創業於二〇〇〇年的「大連食品」，主打老闆蔡子文跟著湖南師傅苦心學來的功夫，現在不只湖南臘味，連廣東、金華火腿都做得非常好，而且要做江浙名菜清蒸臭豆腐，非來這裡選嫩臭豆腐不可。大連食品之外，有七十餘年歷史的萬有全，以及一九五六年創業的上海火腿也都很受歡迎，不可錯過。

想吃外省口味的湖州粽，南門市場當然是個中翹楚，許多商家都有提供，如億長御坊、立家、南園、逸湘齋、合興、萬有全等。我有一位朋友，在粽子節時，我寄給他正宗南部粽，他居然跑到南門市場訂購湖州粽回贈，乃皆大歡喜。

⊙ 想吃外省口味湖州粽，來南門市場有多家可供選擇。

果凍雞則是「翔記」的招牌，這家曾獲二〇二〇年經濟部樂活名攤五星認證。賣熟食者，最為熟悉者當是億長御坊，這家店有則創辦人朱姐追尋父母親記憶與食物味道的故事，十分動人。

如果想嚐心太軟，那麼逸湘齋、立家都有賣；「逸湘齋」是以集合各省名菜極具盛名，還和「黑貓宅急便」配合能送貨到府。

一九四四年創立的徐家點心，是傳承台灣點心的古早味，其中的千層饅頭最為膾炙人口。常興的南北雜貨在地經營超過四十年以上，其中的福州紅糟、四川涪淩榨菜、埔里香菇、桂花醬、酒釀，乃至於包肉粽所需的食材等等，應有盡有，品相多達三百多項。另外還有福泰和、常興、協盛、南門醬園等，也都是南北雜貨的大店家。

用新鮮黑豬後腿絞肉為內餡、外皮為純蛋液的南門魚丸蛋餃，在市場裡也佔有一席之地，是許多饕家的最愛。

可是得就此打住了，再說下去，不但口水流不止，我能寫的也僅止於那些常能交關的店家。如果還是看不過癮，不如自己也來去逛逛吧，南門市場大概也算是台北交通極為便利的市場了。

魚夫拋拋走
影片帶路逛

註：影片拍攝與本書製作時期，南門市場仍處於中繼市場階段。而原南門市場於二〇二三年十月重新開幕營運，商家多數遷回羅斯福路一段原址。

台北中山市場

繁華都市中的
百年傳統市場

TAI
PEI

本來是大正時期的「御成町市場」，
到了昭和時期更名為昭和市場。
走過多年歲月
歷經老舊拆修與大火重建後，
轉為今日樣貌。

紅糟肉
豬頭皮
雞肉
什錦麵
紅豆冰
水餃

台北百年中山市場附近一帶是很值得書寫的。現在的台北中山北路在日本時代是通往台灣神社的「敕使街道」，而長安東路則為「大正町四条通」，是當時最寬濶的大街之一。這兩條道路所形成的三角窗，面向中山北路一側的「林田桶店」是台北少數從日本時代留存至今的手工木製桶店，十多坪的店面堆滿各式水桶、浴桶、飯桶、馬桶，乃至於蒸籠等，令人眼花撩亂。一九二八年開業，創辦人名林新居，傳子林相林，現在已薪傳第三代，三代目林煌一已經接手經營了。

保留職人精神的林年桶店

從一九四二年深秋台灣攝影家李火增所拍的日治時期舊照來看，這家店的建築到今天幾乎仍然一模一樣。有建商曾經和林相林商議改建十二層大樓，還要分他六層，居然被拒絕了，堅持繼續經營桶店，這種職人精神，台灣鮮之見也。

長安西路二號是山牆有著巴洛克式裝飾的三角窗房屋，大約於一九二〇年代建成。第一代主人開設藥局だるま（讀作Daruma，漢字寫作「達磨」），之後賣給台灣生意人林根籐，專賣日本進口的巧克力和餅乾等，這在那個時代可是有名的高級零食店。後來林家投資事業失利，這房子轉了好幾手，竟至荒廢。二〇〇三年，企業家曾朝滿出面買了下來，並敦聘台南來的古蹟老師傅費時八個月修復，修復後欄間牆上鑲有「滿樂門」三個大字，那是英文Monument的譯文，即「紀念碑」之意。後來這裡出現一家餐廳，我有回進入參觀，裡頭的人說整修時採用上等檜木，儘量留存圓形磚和用糯米、黑糖汁砌成的合土牆，彌足珍貴。

滿樂門對面路口則有了一些改變。緊臨中山市場旁靠北側大樓名為「中山大樓」，角落的部份現為台北市政府警察局中山分局中山一派出所，這座大樓今名「中山大樓商場」，緊鄰中山市場東側的是一九六一年八月十日落成的，原為白色外觀，可能經過拉皮變成豬肝色。

中山大樓旁就是百年的中山市場了。因為這一帶的行政區域在日本時代名為「御成町」，從日本時代就是大官的高級住宅區，連蔣經國初來台灣都住這區。這裡不但是重要的住宅區，為了配合大正町，還設有御成町市場（即今中山市場）、職業紹介所、公設質鋪及淡水線鐵路大正街車站。

當時職業紹介所提供日人來台北後落腳找工作的所在，位於今中山市場西側，即中山區長安西路十五號，建於一九二一年，為兩層磚造建築，係採折衷主義風格，現已改為「中山藏藝所」，建築物的內外都很值得細細品味，諸如原木打造的楷梯、細緻的洗石仿石的梁柱與牆面、迴廊的設計等等。

一九三〇年，職業紹介所還遷入了「公設質鋪」（日治時期的公營當鋪），戰後一九四五年將原址改為「台北市衛生院」，為公共衛生的執行場所，一九六七年升格為台北市政府衛生局。

從御成町市場、昭和市場到中山市場

現在的中山市場乃於一九一五年因應都市發展興建「御成町市場」，到了昭和時期更名為昭和市場。市場的建築原是磚造承重結構，木構桁架，一字型的形式，正門為階梯式山牆。到了一九八一年，舊有市場已呈老態，因此拆除重蓋，規劃成綜合性大樓。原本規劃一樓為賣場，二樓為傳統市場，三樓以上供市政府相關單位運用，不過有意願的攤商不夠多，所以變成今日一樓為傳統市場，二樓以上歸市府辦公之用。

二〇一一年，中山市場發生大火，重新整修後人氣名店也還不少，例如得獎連連的中山紅豆湯圓，這家的麻糬和黑糖粉粿都很膾炙人口，夏天還有紅豆冰品。

「偵美水餃」本來開在巷子內，十餘年前遷入市場，老顧客仍不棄不離跟來交關。二代目的王老闆從母親手上學會高超手藝，做出來的水餃好吃得

⊙ 原先不開在市場內的偵美水餃，遷入市場後，老顧客仍然繼續支持交關。

讓顧客伸出大拇指一度贊。

另外還有參加美食比賽的常勝軍「鶯歌號」，這間的燒臘功夫了得，豬頭皮、紅糟燒肉、煙燻雞肉都可以。其餘如「裕發號雜貨」、「鮮玉蔬果行」、「萬福號雞鴨商」等名聲都很響亮。

如果想來碗熱騰騰的現煮麵食，那麼「吉慶飲食」的排骨麵或什錦麵就是最佳的選擇了。

⊙ 鶯歌號的燒臘名聲響亮，紅糟燒肉為其招牌之一。

魚夫拋拋走
影片帶路逛

新竹東門市場

老市場大改造，成為新世代的橫丁

HSIN CHU

東京下町有許多小巷子，是人群聚集的所在，
常有人在此喝酒聊天嬉鬧，
這種小巷被呼為「橫丁」。
穿梭在東門市場裡，也隱約嗅到那種橫丁的味。
很期待老市場脫胎換骨，成為新世代的橫丁。

大腸麵線

月亮蝦餅

日式煎餃

海鮮芋仔米粉

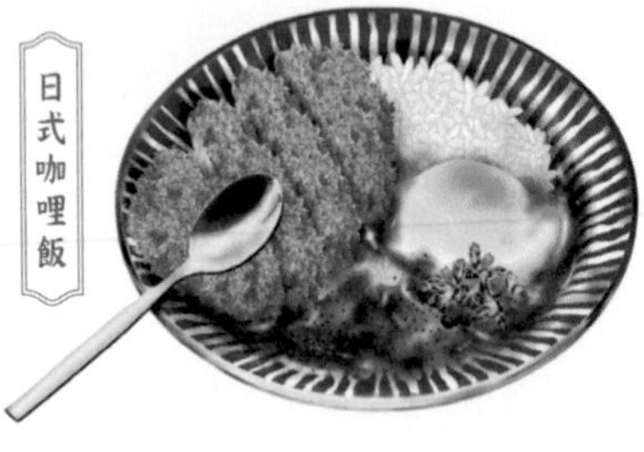

日式咖哩飯

豪華龍蝦泡飯

新竹東門市場是少數華麗轉身、變身成功的傳統市場，現今成為年輕世代IG打卡的新地標。

現存市場係接手日治時期的磚木結構市場改建而來，一九七七年當時的市公所決心新築一座全台最現代的市場，採鋼筋混凝土結構，建構成嶄新的集合市場。

落成開幕的東門市場有三層樓高，加上地下一樓的賣場，共計四層。地下一樓與一樓同時以蔬菜水果、生鮮屠宰的畜肉和一般民生用品為主，欲登二樓，則有電扶梯，這在當時可能是新竹市最新的市場設施了。二樓則規劃為西服、旗袍等高級服飾店，同時也進駐古董藝品展售店；三樓則是各式舶來品，據說當時還有學習舞蹈、音樂和繪畫等店舖存在。

新竹的第一座市場

新竹在清領時期主要以城隍廟與今北門街、長和宮一帶為主要集市交易地，北門還群集許多流動攤販，衛生環境付之闕如，而日本政府為殖民目的想吸引日人移民來台，建構市場便相形重要。早期委由民間來興築，一九〇〇年（明治三十三年），日人渡嘉唯良應政府請託，找了十個人共同集資興建並經營，此乃新竹第一座市場。

隨著人口增加，交易熱絡，第一座市場開始不敷使用，乃於一九一一年再擇定原市場南方興建一座敷地面積約六百坪、樓高二層的新市場。從數張舊照的角度觀察，這應屬日人早期在台用紅磚大木或加強磚造的兩層樓結構，中央有入口高塔，兩翼端有衛塔，連接主、衛塔間的廊屋的屋頂，還有排氣孔與採光的長排窗戶，整體造型典雅。在那個時代確實很新潮，並號稱全台最大規模的市場。

由於興建市場所需經費巨大，但把市場蓋好，宣傳政績斐然的效果甚佳，此時，尋求與「臺灣土地建物會社」的合作最是上選。「臺灣土地建物會社」是由總督府所培植，係台灣第一個也是最大型的開發建設股份公司，一九〇八年先在基隆設立本店，隨後也在台北、高雄、嘉義設立出張所。

地方政府採取的政策即委託臺灣建物會社在新的開發區裡將市場蓋出來，然後再移交給地方政府經營，地方政府以分期付款方式，將本金連帶年利益百分之十的利息償還建設的經費，順利減輕政府負擔，又可大大宣傳總督府與地方兩者的豐功偉業，新竹東門市場就是在這樣的政策

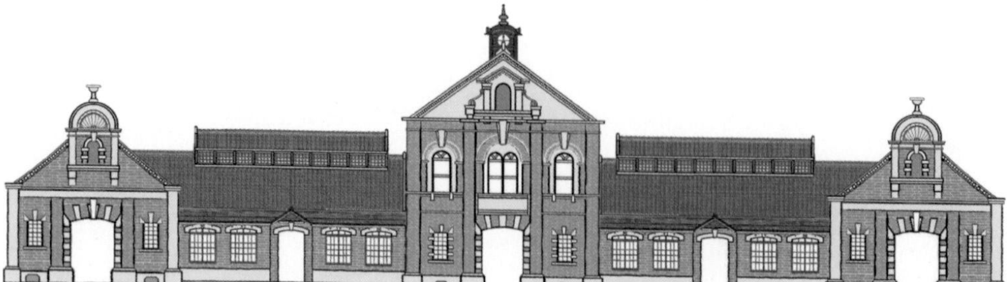

背景下啟用，之後還被製成絵葉書（明信片）大肆宣傳，甚至「新竹州立衛生參考品陳列館」也藏身於市場內，不時向市民們宣導近代的醫療常識、公共衛生。

第二代東門市場正式名稱為「新竹街消費市場」，其後又更名為「新竹市東門消費市場」，因臨近政府統治機關範圍，成為日人休閒逛街的好所在。從老照片中可見經常有身著西裝者出現逛市場，想必這都是統治者的身影。

二次大戰時，新竹遭美軍大爆擊，造成嚴重損害，市場機能漸趨萎縮。一九七七年的改建雖曾盛極一時，但在二〇〇〇年之後，受到新型態電商、大賣場的威脅，原先多達五百餘攤的氣勢盡失，只剩數十攤，二、三樓更是不時出現街友，鐵門大都拉下，景況破敗。

市場活化工作啟動

長期遭到漠視的東門市場，在蔡仁堅市長任內（一九九七至二〇〇一年）終於看到一線曙光，先是收回違反租約的一百家攤商的權利，希望取得復興市場主導的力量，只可惜政黨再度輪替，東門市場又黯然退場。

二〇一六年，林智堅市長任內決定著手進行東門市場的活化工作，希望使東門市場轉型為青年基地，並與清華大學合作。我初到東門市場時，二、三樓的破敗令人不勝唏噓，但一樓似乎有些生機出現，許多年輕人開的店家陸續出現，更有異國美食混雜其中。市府於二〇二一年投入了五千三百萬元開始進行整建，讓五十年老市場大改造，包括外牆拉皮、耐震補強、屋頂隔熱防水及排水工程等等，年底完工後的進階版東門市場，舒適度提升，讓攤商和遊客都有感。

年輕人的新創料理

新竹東門市場美食漸聚集，不過不是老店家，而是一些新創料理。譬如我遇見一間年輕人新開的芋仔米粉湯攤，據聞這一味本是傳統的芋仔米粉湯，不過店家改以雞骨、芋頭炕高湯，醲肥辛甘。我點來海鮮大餐，發現添加了蛋酥、芹菜珠、香菜、炸魚、花枝、虱目魚等，甚是豐沛，留下了深刻的記憶。這和傳統著名的西市場那家米粉湯、大麵糊不同。古早味的作法是將油豆腐、豬雜、白菜頭放在一鍋久煮不爛的粗米粉裡滾，這種口味，應該屬上了年紀的朋友們會比較習慣。

活化後的東門市場年輕客群多，各個店家無不絞盡腦汁創造不同食物和用餐環境，如「享初食堂」外觀有如日本居酒屋，賣的卻是大腸麵線；「阿平臭豆腐」是一對兄弟花了好幾年工夫才學會如何炸到外酥內軟的口感，也真是足甘心的啦！

多種日式料理可供選擇

除了台式創意小吃外，許多食物偏向日系風格，如東門米粉湯旁的Musha Musha，即是販售日式濃郁熟成咖哩，再搭上溫泉蛋，然後撒上多力多滋洋芋脆片與蔥花，生意表現不俗。

再如「海神（うみがみ）」則是以海鮮丼為號召。海鮮丼是在白飯之上鋪上魚介類刺身的一種丼物料理，我聽聞最早是從日本北海道、東北地區開始而風行全日本，現在跨海來台，也頗受年輕人歡迎。

另外還有創業時由一群八年級生創立的「八鷹料亭」，其前身是在華南銀行前擺攤的丼之屋攤車，後來進到東門市場開店，經常來客滿席。這家的關東煮是定番必點；有一味「皮蛋ＭＡＸ牛／豚丼」是將台灣皮蛋加入日式丼飯的創意發揮，而「豪華龍蝦超級蹦烏龍／泡飯」則以量大著稱。

「樂陽食堂」除了東門市場外，另有兩家店，主要也是以咖哩、丼飯、定食等日式料理為主；「小東門蒸烤鮮飯食」也是以日式屋簷、紅燈籠等營造氛

⊙ 八鷹料亭的豪華龍蝦泡飯是以量大著稱。

圍，內容是日本居酒屋食物和台灣熱炒，係晚餐、宵夜的最佳去處。當然不能免俗設有拉麵，不過他們的大角拉麵（ダージャオラーメン）是那種帶有柚香的新潮煮法，生意沖沖滾。

現在咱台灣人說餃子時，指的是水餃，但日本人所謂的餃子（ギョウザ）指的則是煎餃，如果他們想說水餃，會說水餃子（すいぎょうざ），不過日本人鮮少吃水煮的餃子，卻愛死了煎餃，有點類似我們說的鍋貼。但是煎餃兩頭尖尖似弦月，和鍋貼的兩頭鈍不同，而且煎餃是副食，吃碗白飯或拉麵配餃子理所當然，我們則一餐要是有了餃子，那就是主食，不會再去添飯了。

這一味在新竹市或竹北一帶漸漸出現許多專門店，本來市場裡有家涼太日式煎餃，最近一次去，生意不惡，不知為什麼反在疫情過後消聲匿跡了。

各國特色美食也不少

日式食物之外，東門市場更有許多膾炙人口的異國料理。「東門市場4.8坪」是家韓國料理店，因為租用的空間僅四・八坪而命名。現在韓劇當道，常見劇中出現共同享用韓國美食的畫面，連帶韓式拌飯、生菜包肉、魚板串等等，都成了年輕人追劇之外，體驗韓式生活的方法之一。

也有東南亞料理，如「1132的泰式料理」，走的是泰國風味，各式咖哩及打拋豬等均作成定食，這倒也容易讓顧客點單。另有一家「曼谷市場」則以比較正式點餐的方式經營，其月亮蝦餅雖然是一道台灣人做出的「偽泰國菜」，但因頗受歡迎，也沒人在意是哪裡的料理了。

令人驚豔的是，這裡連圖博（西藏）食物也有。「青丹扎西」這家店老闆從圖博學回手藝，作出料理分享，果然每天門庭若市。圖博我去過，連呼吸都很困難了，而能留在當地學習並作出道地的滋味來，想必也吃了不少苦吧？

當然這裡也有正餐之外的咖啡甜點等，如「Coffee SHOT 珈琲夏特」平常只有夜間營業，賣的是全手沖咖啡，還有使用新竹當地進士牧場所產鮮乳的鍋煮奶茶，都頗受歡迎。

「屬孰_belong to」是新竹知名甜點店「Hidden off」在東門市場開的分店，店裡有司康、堅果餅乾和手作餅乾等，我喜歡每日手作餅乾，那口味有種自然食物而非食品的感覺。

日本從江戶時代於東京下町有許多小巷子，是人群聚集的所在，常有人在此喝酒聊天嬉鬧，這種小巷被呼為「横丁」。現在這種小巷裡多的是居酒屋，隨意掀開其中一家的暖簾，就能看到下班來喝一杯的上班族，或是愛沉浸在這種氛圍的在地人。這裡往往人緊挨著人，偶而和鄰席聊上兩句也無妨，有點類似英語世界裡Bistro。日本類似這種居酒屋巷越來越多，東京新宿的思出橫丁（思い出橫丁）即是其中最著名的一條街。

穿梭在新竹東門市場裡，我也隱約嗅到那種橫丁的「臭尿破味」，很期待看到老市場脫胎換骨，成為新世代將來的思出橫丁。

魚夫抛抛走
影片帶路逛

台中第二市場

不同於一般傳統市場的活古蹟

TAI CHUNG

又來二市仔重逢美食，
這回有了許多迴異以往的感受，值得重新審視一番。
除了固定交關的幾家攤子，感覺多出了很多商家。
這座百年市場若能持續開創新的營運模式，
也能吸引更多的人吧！

牛肉餡餅
滷肉飯
辣椒醬
麻穎湯
煎菜頭粿
意麵
肉圓
涼麵

在台中教了十年書，要是偶而進入中區，便會到第二市場裡去搜查美食。其實在我教書初期「二市仔」的情況並不優，由於任憑都市新興區域發展，使得老城區漸趨沒落。作家劉克襄是台中人，二〇一四年，他在市府的委託下導覽第二市場，認為：「這裡不同於其他傳統市場，保留了傳統的建築方式與風格，是一棟『活的古蹟』，在全台獨一無二。」

有趣的是，到了二〇一六年，劉克襄忽然寫了一篇〈台中人的早餐在哪〉，其中有段文字：「繞了市場一圈，騎樓店面都未營業。我恍然驚覺，老台中似乎沒什麼外出食用的代表性早點。從睡醒的第一道餐飲，老台中好像難有鮮明特色。雖說不遠的周遭，或許有日棧、海盜等飯糰，又或者一、兩間豆漿燒餅店活絡著，但這些尋常小食，每座城市的巷弄都有，不足以成為顯著代表。」

這篇文章引發爭議，時任市長的林佳龍也在臉書上張貼台中早餐地圖，網友更是大加撻伐，劉本人則委屈的說，他主要在探討早餐文化，卻成了眾矢之的。說者無

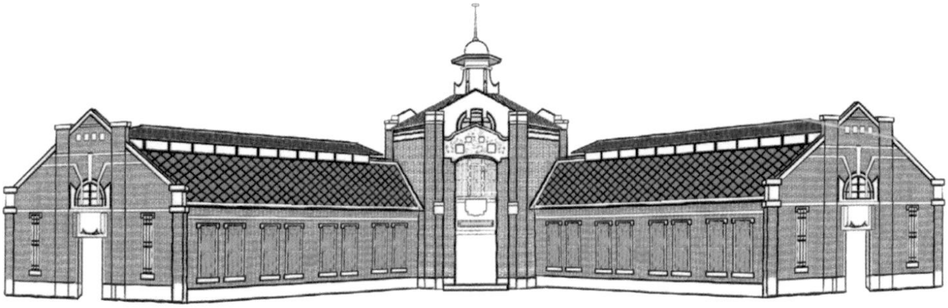

心，聽者有意，可憐老友劉克襄的言論實在容易讓人斷章取義，說得好像台中美食是「貧窮的記憶」，而且是沒有顯著代表性獨步全國。

台中第二市場開設於一九一七年十一月，當時稱為新富（町）市場。到了二〇一七年，台中第二市場屆滿百年，市府啟動中區再生計畫，我所任教的大學也發揮創意，將二市場的美食變成可愛的文創商品，煞是熱鬧。

平心而論，二市場在市長林佳龍任內竟然恢復心跳，市場生意也逐漸生氣蓬勃。我詢諸於市場裡「福州三代意麵」的老闆趙善棋，也是自治會會長，他即證實和過去差很多了。所以這回又來二市仔重逢美食，有了許多迥異以往的感受值得審視一番。

意麵、肉圓與吃粗飽的滷肉飯

「福州三代意麵」其實薪傳不止三代了，趙善棋為第四代，如今由第五代的趙汝昌接手，並更名「阿棋福州三代意麵」。

一般論及意麵，總以台南意麵為主流，其實中部一帶，也早就由福州人傳進意麵的製作技術。以南投為例，隨國民黨敗戰來台而在南投中興新村設立省政府，當時即由福州人將這製麵技術帶進來的，因為這種麵條較為細嫩且彈牙富嚼勁，台語呼之為「幼麵」，乃廣受歡迎，隨著時間變遷，技術淤出去後，竟成南投特色小吃。阿棋福州三代意麵已有九十年以上的歷史，是否屬於南投意麵系統還有待研究，但好吃才是咱們來交關的主要理由。

二市場裡的「茂川肉丸」則是百年老字號，原在市場內名喚「丁山肉丸」者是其元祖店，油炸肉圓淋上獨門醬料，委實膾炙人口。這家號稱百年老店（一九二一年開始），在日治時期店名為「小香村肉丸店」，現在店內掛有一幅一九三八年（昭和十三年）五月六日「台中市新富市場飲食業者著衣式紀念」的相片，規定所有店家都得穿正式的廚師服合照，宛如今日五星級飯店主廚。當時的新富市場，在日治時期被規劃為日本人的市場，或俗稱「有錢人的市場」。

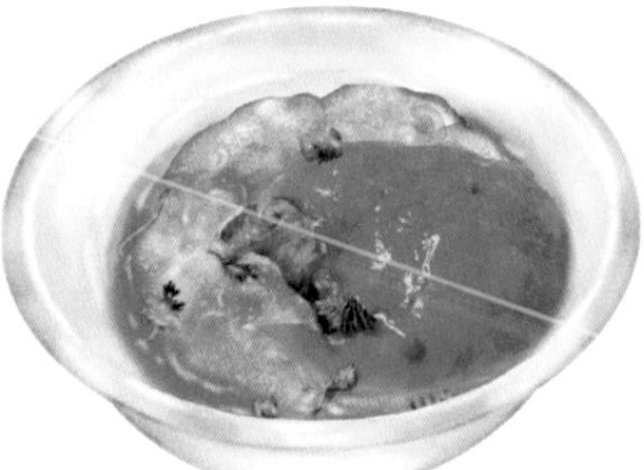

⊙ 茂川肉丸是二市場的百年老字號名店。

而劉克襄所謂的「吃粗飽」，大抵指的是市場裡從早到晚鬧烘烘的魯肉飯，被形容成為「台灣最早的7-11」，認為過去早晚班勞工必須吃粗飽才有體力打工。不過台中人所謂的「魯肉飯」，可不是台北人口中的「魯肉飯」，那「魯肉飯」，南部呼之為「肉燥飯」，而台中人所謂的魯肉飯，其實是「爌肉飯」或「焢肉飯」。但不管是「爌」或「焢」都是錯別字，教育部的公布寫法應為「炕肉飯」，而所謂的「魯肉飯」，也應正名為「滷肉飯」。

二市場裡著名的「魯肉飯」有兩家。「李海」約從下午五點開至凌晨五點，接力開下去的是隔壁攤的「山河」。他們的魯肉飯，除了好大一塊滷肉外，也會淋上香甜的肉燥，再加上菜脯或醃瓜，來此不只吃粗飽，滋味亦是膾炙人口。

台中最特別的一味

來到這裡的季節如果對了，便有「麻穎」湯可食。麻穎常見的寫法有「麻薏、蔴薏、麻芛」，台語讀音是muâ-ínn。「麻」指的是黃麻，而「穎」音為ínn，意思就是幼芽，「發穎」就是發芽的意思。

黃麻長出嫩葉，照理講漢字應書為「麻穎」才是正解，其他不管是麻薏、蔴薏、麻芛等等，我用台語都不能正確發出台中人所說的muâ-ínn的音來。

麻穎湯這一味是台中特產，因黃麻產區在豐原以北，彰化以南就少見了。實則在日治時期的日人論文中就有發現：「黃麻本來就是熱帶地方的產物，適合在氣溫高、雨量多的地方，台灣的氣候溫和比起內地（註：日本本國）更適合黃麻的栽培。」所

⊙ 麻穎湯要選對時間來吃，是台中人最獨特的一味。

以「台灣黃麻的耕種面積在明治三十五年是一一四六餘甲，一直到大正八年擴大到二八〇八餘甲，收穫量增加。生產額度以台中州為第一名，第二名為台南州，台北州、新竹州、高雄州、台東廳、花蓮廳依次遞減」。

如今在台中的南屯區，土地肥沃水質佳，大肚山台地擋下了冬季的東北季風，造就了黃麻生長的最佳環境。在黃麻長出嫩葉時，當地人便採撿、搓、揉、洗，以四步驟去除苦味，取魩仔魚（吃素者不加）、黃番薯（取其甜味沖淡麻穎的苦味）等煮成消暑的「麻穎湯」來下飯，保證胃口大開。

順帶一提，提供麻穎者尚有「林記古早味」小吃攤，茹素者還可要求去掉魩仔魚。

年輕一代的美食選擇

「嵐肉燥」除了以肉燥連年獲得經濟部滷肉飯節大獎外，其肉丸仔、雞捲等也很可口，但所謂雞捲，事實上是將多出來吃不完的食材用網紗捲起來的意思，並沒有所謂雞肉在其中，就像太陽餅裡面沒有太陽一樣。雞捲其實應寫作「加捲」，「加」字在台語裡就是「多出來」的意思。

現在二市場裡的煎菜頭粿則成了年輕人的最愛。《天下雜誌》有回訪問了台南的美食作家黃婉玲，她主張菜頭粿，也就是蘿蔔糕，不算是台灣的傳統年菜。她說除夕

「一定要吃的是白粿，將粿煮成湯，或是蒸熟再沾蒜蓉醬」。至於煎粿，如是我聞更是大不敬，因為煎到「赤赤」，吃了會「散赤」，過年吃這種食物，恐怕會帶來衰運。只是現代人當然無此禁忌，任何時候大啖這一味都無妨。

從前來到二市仔，只見年輕人都是王記煎粿再加一杯賴記紅茶。近年來王記旁的「阿嬤a相思麵店」生意也沖沖滾，也賣煎蘿蔔糕，如果要分辨是不是在地台中人來光顧，就看「東泉辣椒醬」淋得多不多，當下立刻分曉。

「鄒家餡餅蔥油餅」是從霧峰來的，韭菜盒子煎得方方正正，我倒是第一回遇見；餡餅皮薄餡厚，分牛肉與豬肉兩種，牛肉者還在表面撒上芝麻。

二市場經政府整理後，不知是我總漫不經心，只單純交關固定幾家攤子，諸如阿月壽司、楊媽媽立食、立偉麵食、一禾涼麵等等，現在忽然感覺多出很多商家來了。

二市仔是座百年市場，現在傳統市場早被大賣場逼得喘不過氣來，極需轉型開創出新的營運模式，期盼吸引人們重逢在台中第二市場吧！

⊙ 傳說判斷台中在地人的方法，就看東泉辣椒醬淋得多不多。

魚夫拋拋走
影片帶路逛

台中第三市場

喚起老台中人的兒時記憶

TAI CHUNG

本來是台中車站後驛的唯一市場，
隨著車站落成，附近地區繁榮，
從原本的櫻町消費市場改至敷島町設立市場。
現在市場入口就是「玉聖宮」招牌下的「亭仔跤」，
方便市民買菜兼拜拜。

麥仔煎

肉羹麵

麻糬

蛋黃鮮肉包

牛粒

脆皮烤饅頭

台中第三市場的正式名稱為「台中市第三公有零售市場」，地址為台中市南區台中路九十號。這是一座百年市場，市府在二〇二二年十一月十八日，為市場舉辦「百年分享，榮光傳承」的活動，邀來市場內超過五十年的攤家及十位年紀合計百歲的孩童一起慶祝，並將市場內的店面稍事整理，讓整體看來較為光亮清新。

從櫻町市場開始的百年歷史

市場的歷史要從一九二二年十一月起開始推算。起先在台中市櫻町一丁目，大約是舊台中驛的正後方，也稱為櫻町消費市場，本來是台中車站後驛的唯一市場。隨著後站附近地區繁榮發展，櫻町消費市場不足以應付人口需求，於是在其西南側的敷島町設立市場，建築造型是兩坡式懸山屋頂，即日語「切妻造」（きりづまづくり）的建築形式，由紅磚牆砌成，於一九三二年五月移至現址，改稱「敷島町消費市場」。

從當時的市場平面圖來看，市場入口就是現在台中路一側上有「玉聖宮」三字招牌下的「亭仔跤」。玉聖宮主祀媽祖，於終戰後的一九四七年從北港分靈而來，方便市民買菜兼拜拜，另在和平街則有一開放性入口，僅立柱為門。

玉聖宮招牌上有一台中市章，這是從日治時期就留存下來，直至台中縣市合併後才被卸下，但仍被保存在入口上方，象徵歷史傳承。這市章其實還可以在諸如台中放送局、台中公園望月亭、台中市役所附屬倉庫，甚至有些舊社區的佈告欄可以撞見，對老一輩台中人來說，應是兒時至今的記憶。

從肉鬆店與百年餅舖吃起

如從玉聖宮一側走道進入，那麼左手邊就是著名的台中萬味香肉鬆，是有六十年以上歷史的伴手禮名店；右手邊則為始自一九二二年的「三廣餅舖」，這家店自稱從櫻町市場開始到搬移至敷島町的過程，創始人黃文寬先生皆認真在市場裡賣醬菜和雜貨，「黃先生」的日文發音為KO桑（KOSUN），因他對烘焙手藝情有獨鐘，乃拜師學藝做起糕餅生意，本來店號取和日語相近的「廣三」，子孫輩將之改為「三廣」，據說是姓名學筆畫的關係。店裡除台中太陽餅、鳳梨酥和杏仁酥三寶之外，台式馬卡龍也很搶手。這一味在日治時期的台灣即已存在，一般稱為「牛粒」。

牛粒者，有一說來自法文「biscuits à la cuillère」，是「烘焙小西點」的意思，取其最後一個單字「cuillère」直接音譯為台語「牛力」（gû-lik）。另有一說是因為

⊙ 有台式馬卡龍之稱的牛粒，是老餅店的招牌商品之一。

其形圓狀似牛眼睛而得名。不過台語另有「麩奶甲」（hu-ling-kah）的發音，或寫成「福臨甲」或「福令甲」，再有一說是源自日語手指餅乾（ladyfingers）的稱呼「レディフィンガー」，台語將後面「手指」（フィンガー，finga）音譯為hu-ling-kah。

關於牛粒，還有一家「榮記餅店」的產品也受到很高的評價，值得去交關。

市場內有家人氣店「姊弟冷熱飲食」，是一大早到市場買菜順道解決朝食的好所在。這裡不管冷熱飲食如果汁、剉冰、肉羹麵等都便宜大碗又好吃，每出一碗麵，隨碗附一小塑膠袋的辣椒小魚乾，是由老闆蔡裕榜精心研發而成。老實講，很辣，摻一點無妨，過量我就不敢恭維了。

有人說台中人將肝連肉呼為「隔間肉」，這家店也賣隔間肉麵，乍看以為是肝連，但還是有點區別。肝連帶的是筋膜，而隔間的顏色偏深，表面有層薄膜覆蓋，口感滑嫩，只是一般人還是不怎麼能分辨出來。

摸著肚腩從姊弟店走出來，斜對面的「慶山鮮奶饅頭」除各種饅頭外，尚有壽桃、壽龜、竹筍素菜包和竹筍鮮肉包等，滋味評價亦佳。

個人偏愛的美食店家

每個市場當然都有很多美食，而口味則因人而異，非常主觀，我個人對第三市場幾攤自然也有所偏愛，寫來供大家參考。

始於一九五一年的「枋記涼圓」，這涼圓我在嘉義曾經遇見，享用時得淋上「白醋」（美乃滋），可謂獨步全台的飲食習慣，不料台中也有，且不必沾上任何醬料，咀嚼起來也相當軟Q，但擺攤位置不顯眼，一路尋找要費心注意。

「周記上海脆皮烤饅頭」的生意沖沖滾，只是這點心是否從中國上海而來？有人信誓旦旦說乃從嘉義傳開來的，不過因香脆好吃，哪裡來的倒不是重點了。

依我所知，上海在地人稱包子都叫饅頭。我數十年前第一回在上海邂逅「南翔饅頭店」，店招明明寫饅頭，入裡卻只有小籠包而已，哪來饅頭？後來才知道上海人凡包子類者，都稱饅頭，如肉包是肉饅頭，菜包是菜饅頭，而小籠包則是小籠饅頭。

那如果真要吃饅頭，又要怎麼說？當地人的答案還是叫饅頭，或者淡饅頭、白饅頭，反正看你一臉莫明其妙的呆樣，大概也猜得出你要吃什麼。

位於信義南街上的「小辣椒越南麵包」是市場外的排隊人氣店，在越式法國麵包中夾入手工豬肝醬、撕好的紅燒豬肉與醃製蘿蔔、小黃瓜等，非常有飽足感，自然也有生春捲、炸春捲與越南咖啡等基本款。

這地球上有兩個國家很崇拜法國，一是曾為法國殖民地的越南，連飲食習慣都仿起法國人，另一則是日

⊙ 脆皮烤饅頭香脆好吃，
先不用討論源自哪裡。

本，在日本和法國沾上邊的飲食，幾乎都是高檔的代名詞。

大部份台中的肉包，總是不太符合我的口味，已經習慣在台南吃的那種包有香菇、蛋黃的包子。不過市場信義南街一側的「向陽東坡蛋黃鮮肉包」就不一樣了，內餡飽滿，汁多香甜，一天出爐兩回，每出爐就被排隊的人潮搶購一空，真是市場奇景。

就在肉包店附近的「順口香麥仔煎」亦是一絕。一般認為台灣麥仔煎可能源自中國福建的泉州，所以從泉州到金門稱為「滿煎糕」，在廣東的澳門、香港呼為「冷糕」，但是渡海來台後，則又出現「面煎餅」、「板煎嗲」、「免煎嗲」、「麥仔煎」和「麵粉煎」的別稱，依不同縣市還有南投的「三角餅」、彰化「麥煎餅」、宜蘭「米糕煎」等稱法。至於「免煎嗲」，明明是用煎的，卻作「免煎」，推斷是「麥煎」走音而來的。

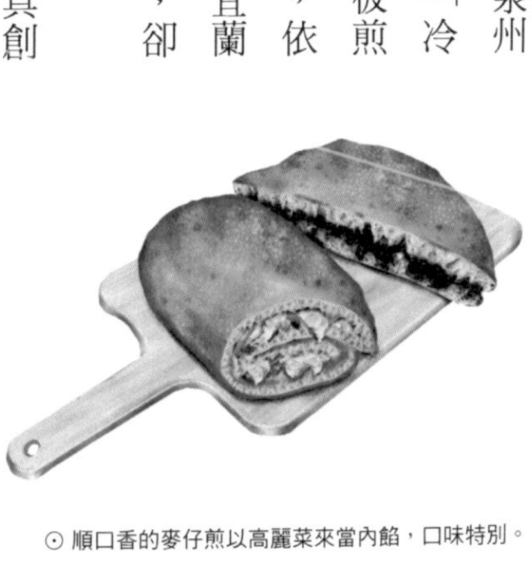

⊙ 順口香的麥仔煎以高麗菜來當內餡，口味特別。

順口香是用高麗菜等來當內餡，在我來看是頗具創意，顛覆傳統的觀念，怪不得很受年輕世代的歡迎。

最後還有一味便是正氣街上的「洪記草屯麻糬」，草屯麻糬係指包餡的長形麻糬，內有紅豆、芝麻和花生粉等餡料。

咱們一般咸認麻糬從中國傳來，但我曾看過花蓮文學作家陳黎的說法，聽說花蓮麻糬是日本時代由日本人傳授的製作方法，但日本人又是跟原住民學的，麻糬的阿美族原住民語發音為「都倫」，帶有團結的意思，而麻糬好吃的祕訣就是要「舂」得徹底，才能打出綿密彈牙的口感來。這草屯麻糬和原住民有無關係，仍不得而知也。

魚夫拋拋走
影片帶路逛

南投市場

百年老店與
南投意麵聚集地

NAN
TOU

這裡很多家百年名店，

全台灣只有這座市場有，是美食職人的聚集基地。

市場裡許多美食都值得細細品嚐，

有時間，別忘了到小城來作客。

碗粿
肉圓
黑輪湯
薑絲豬腸湯
意麵

南投市場究竟始於何年，不管是按照經濟部或南投縣政府的官方說法，目前的南投市場市集形成於一九二〇年，且於二〇二〇年的十二月二十五日舉辦南投市公所升格縣轄市四十週年慶和南投公有零售市場成立一百週年的慶賀活動。

日治時期的南投街消費市場和街營店舖，就是現存的「南投市場」，這棟建築在一九三八年二月動工，同年十二月完工，包含東北側的主入口和兩側的街屋，街屋的形式係上下二層，形成住商合一的格局。所有街屋均向外，直接面臨街道，而所圍成的區域才是市場，且極可能是露天的市場。

南投市場緊鄰民權街、中山街、彰南路二段與民族路，共有八處出入口。民國五十年間曾作為南投果菜拍賣市場，交易熱絡，遠近馳名。

到了一九八〇至一九八二年間，曾進行若干修建工程。一九九九年遭逢九二一地震，造成市場嚴重損壞，這回由中央撥款重建，於二〇〇三年重建

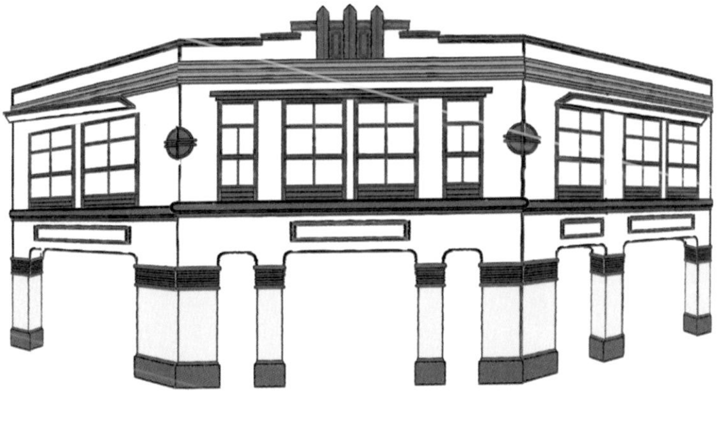

完成，大致保存了當年的外觀。

市場基地面積大約四四二二平方公尺，大致規劃成一百八十三個攤位，並訂定棟別編號共分第一棟至第九棟、新建棟、棟外、樓上拍賣場及北棟。主入口意象的中山街保有日治時期的風貌，且根據經濟部中部辦公室的描繪，在「硬體經費補助及軟體輔導改善下，市場由外而內重新整修，呈現安全衛生、整潔明亮的新面貌，攤商營運環境改善，顧客服務提升，連續於九九年、一〇一年榮獲二顆星殊榮」。

其實隨著超級市場和大賣場的出現，傳統市場自然面臨許多危機，反倒是以市場為中心的周邊市街成為繁華商圈。許多頗受當地人歡迎的店家，諸如「阿欽傳統豆漿店」，「阿連扣仔嗲」和「百年櫻壽司」等，都值得去交關。

進入市場，中山街和民權街的三角窗入口，就是著名的「友德意麵」。南投意麵是南投的名物，大抵南投人每個人心中都有自家的南投意麵美食排行榜，但「友德」總是不會摔出榜外吧？另有一家靠近民族路口的「源振發製麵廠」，已薪傳五代，也有百年以上的歷史，不曾嚐過，就枉來一趟了。市場內還有家創立於一九二六年的「自在製麵廠」，由陳自在開始經營，如今已是四代傳承。

百年製麵其實是個大議題，因為在日本時代，台灣的麵食並不發達，而南投卻有自日治時期開始的製麵廠。目前得知的初步脈絡，就是南投製麵技術與福州人有關，而和戰後外省人帶來的製麵技術關連較少。

南投意麵不同於台南意麵

如若拿南投意麵來跟台南意麵比較，兩者所謂的「意麵」概念卻是有所出入的。

在台南，凡是做麵條的，幾乎一律自稱「意麵」，所以到處可見「鹽水意麵」、「福州意麵」、「汕頭意麵」、「鍋燒意麵」等等，其實這其中有分生麵、乾麵，煮法也各自不同，只是鹽水意麵比較知名，較有代表性。

南投意麵和鹽水意麵的不同有許多細節上的差別。首先，在享用時搭肥瘦七三比為主的肉燥是絕對必要的，在地人視為天生一組；如若到台南嚐鹽水意麵，則精肉為主，並以油蔥酥增其香味。

當然，南投有些店也提供炸醬麵，享用時，總是遇見店家劈頭就問「焦」（乾）或湯的？乾麵一來，也得點碗湯，像在南投市場裡的源振發家，工廠後那意麵小店裡的酒香豬腸湯，在我來看更是一絕。

吃意麵何以一定要配那味帶有酒香的豬腸湯？在我吃來，其中可能藏有「陰陽調和、軟硬兼施」的道理在，但又說不出所以然，時下留下問AI，索性來問問Google Bard大神，得到以下答案：「口感搭配：南投意麵的口感偏軟，而豬腸湯的口感偏硬，兩者搭配可以達到軟硬適中的口感。味道搭配：南投意麵的湯頭偏清淡，而豬腸湯的湯頭偏濃郁，兩者搭配可以達到豐富的味道層次。營養搭配：南投意麵富含碳水化合物，而豬腸湯富含蛋白質，兩者搭配可以達到營養均衡。」這機器說的居然有幾分道理，然而，對真實的人類來說，口味這回事很主觀，還是親自去嚐嚐，自己下結論吧！

源振發製麵廠薪傳五代，現站在店門口，就可以看到一九四一年以來的機器作業，也算頗為壯觀，店裡牆上就有意麵故事的來龍去脈。有趣的是，許多家製麵廠都號稱百年，但其實意麵是戰後由福州人將製麵技術帶進來南投的，隨著時間變遷，技術湠出去後，竟成南投特色小吃。

意麵既是戰後傳進南投，那麼百年製麵廠在日本時代究竟做些什麼麵，許多人包括我，都丈二金剛摸不著頭腦。

南投意麵除了幼麵的稱呼外，其實還有個別名為「力麵」，據傳是國民政府來台後將省政府設於南投，有一群福州人跟隨而來，這些人善製麵，採筋度較高的麵條，所以揉製需非常用力，發出「噫噫噫」的聲音，因此稱為「力麵」，再演變成「意麵」。

⊙ 振源發的意麵可以搭配酒香濃郁的豬腸湯一起享用。

意麵歷史探源

認真考究意麵出現在台灣的文獻裡，日治時期擔任《臺灣民報》記者的黃旺成（菊仙）的遊福州日記，裡面記載一九一九年三月十八日至「晝南軒食意麵」，看來福州果真早有意麵乎？

一九二一年，日人片岡巖所著的《台灣風俗誌》裡也有「玉麵」的記載：「玉麵的製法，以麵粉摻雞鴨蛋的蛋白加入雞肉精汁，其餘與製麵相同。通常作為宴席的菜。較簡單的即用雞鴨蛋製成，口味很好。玉麵又稱薏麵。」玉是日本漢字，玉子者雞蛋也，大抵片岡巖的意思是說，這是一種蛋麵。如此看來現在台灣有些賣意麵者，常寫成「薏麵」，似乎也沒有錯。

只是南投意麵又稱「力麵」之名，台南鹽水意麵竟然也有相同的故事。台南縣府有部許獻平所著的《南瀛小吃誌》，他經過田野調查指出，鹽水意麵是由一位福州人黃忠亮在一九二三年開始販賣的：「黃忠亮（一九〇七～一九五八），福州人，綽號泰寺仔，十六歲時離鄉背井，隻身來臺討生活，落腳於時稱『鹽水港』的鹽水鎮。因見當地並無人販賣麵，便以他大陸習得的製麵技術，設攤販賣意麵。時為日治時代，麵粉採配額制，有配給就製成麵販賣，無配給時則賦閒在家。甚至，在日治末期，因推行皇民化運動，而被視為外國人、非皇民，曾被吊銷麵攤牌照，不得營業。」

雖然如此，但福州來的外國人黃忠亮的意麵仍大受歡迎，鹽水意麵也逐漸打出名號來，可是為什麼叫意麵呢？依「鹽水區農會」的說法：「『意麵』是台南市很獨特的一項小吃！台灣的意麵發源地其實在鹽水，當初福州人在鹽水，創出意麵的製作方法，故名為『福州意麵』，其實就是福州人在鹽水做出來的台灣意麵，在福州，反而見不到福州意麵。所以取名『意麵』乃是在擀麵時必須出力，原稱『力麵』，而因出力時發出『噫』、『噫』的聲音，故沿用為『意麵』」。

二〇二二年的米其林必比登來台南，居然漏掉了到處可見的意麵，可能是被忍痛割愛了，假如下回去南投評鑑，一定不要錯過意麵名物了。

意麵之外的美味水餃與肉圓老店

南投市場美食除意麵之外，還有李媽媽和她手作的水餃一樣精神抖擻，而且經常上電視，每天開開心心包著她的水餃，要不好吃也難。

創立於一九五〇年代的「丸雨食品」，已然傳承三代，現任老闆甯忠國的本行是航太工程，兒子甯偉倫則是管理學碩士，現在專心來做魚丸，品相可謂琳瑯滿目。

南投市場裡還有攤百年「洪家肉圓」，賣的是肉圓、涼圓、碗粿、赤肉羹和黑輪湯等。店家創立於日治時期大正年間，自述在日本時代「米和澱粉管制不能公開及大量買賣，先祖利用晚上偷偷到賣家探購收集，曾經被日本警察盤問並遭拘留；由於原料來源有限，僅在鄉鎮有廟會時，才挑肉圓擔至該地叫賣」。

戰後禁令解除，店家再經過不斷研究、改良，才做出外皮軟臬，肉餡肉質軟嫩的獨特口味來。傳承至今，已是第五代，成為在地特色美食。

⊙ 洪家肉圓是百年名店，不妨來試試看南投人的肉圓吃法。

肉圓之外，涼圓是夏天聖品，兩者不同在於肉圓外皮是米漿，而涼圓則是蕃薯粉。碗粿和客家水粄倒有幾分相似，碗粿是將餡料灑進米漿裡，連碗一併放進「籠床」裡蒸熟，而南投碗粿則類似水粄，米漿、餡料一邊一國，再將豆干等佐料鋪在米漿之上。而所謂黑輪湯，指的是有豆干糊、丸子、豆腐和白菜頭等放入一鍋熬煮高湯，客人交關時，再舀出一碗碗的份量來販售，不食黑輪湯者，亦可選擇赤肉羹。

南投人食肉圓，通常是先吃完外皮，然後留個肉餡，再向店家要求淋上高湯，享受最後的一口湯汁，才算圓滿。

現在到南投洪家肉圓去交關，只見店家撈起肉圓，一把剪刀即將肉圓剪開，分為若干口，省了用筷子破形的時間，於是啖完外皮剩肉餡，便捧到攤前要加湯，裝得像在地人吃肉圓的樣子，不知像不像？有無露餡乎？

百年市場裡當然還有很多美食值得細細品嚐，有時間，別忘了到小城來作客。

魚夫拋拋走
影片帶路趣

員林第一市場

在地食材大集合，特色美食研究地

當地人稱「一市仔」的第一市場，
日式建築使用至今，
百年來始終人潮熱絡。
市場內許多熟食、生鮮，加上市場外的在地美食店，
可說是集合了彰化特色小食之大全。

鳳梨

摃丸、魚丸

全雞

紅糟肉、三色蛋

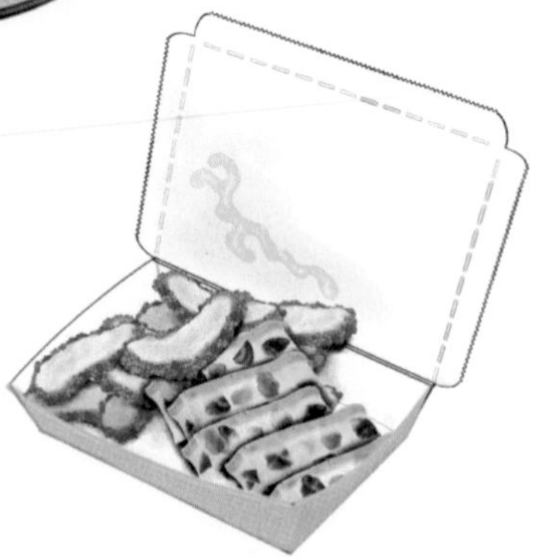

南投意麵

如果是刻意來彰化品嚐美食，在我來看就是在地人暱稱為「一市仔」的員林第一市場最值得走一遭了。環繞著原日治時期市場基本規模外的街道，如民生路、博愛路、中正路所圍起的區域，更是能集彰化特色小食之大全。

百年日式樓面仍清楚可見

早年員林的市集，初期是在廣寧宮三山國王廟與打石巷一帶形成，當時是以簡單木製棚架和帆布構築，環境汙穢不堪。

日人在一九〇二年決意設置員林市場，不過經費不足，只能清理排水系統，整治街道衛生，將四處亂竄的攤販集中管理，並要求地方士紳出資來蓋家屋形的市場建築。其後一九一〇年重新擴建，隔年落成開幕。新建物渡過二十餘年歲月變得老舊不堪使用，於是在一九三五年又進行改

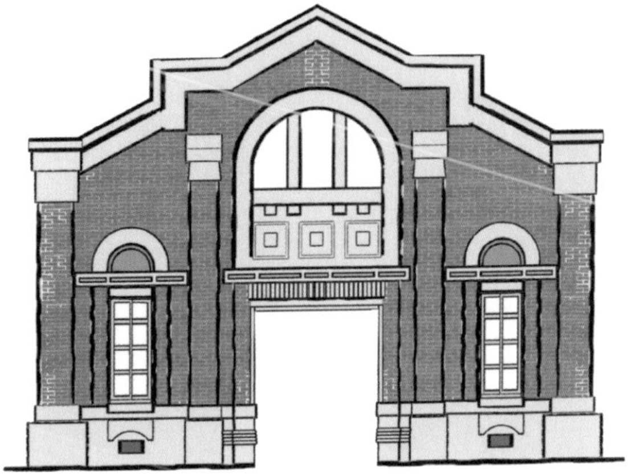

築計畫。

根據彰化文史工作者邱美都《林仔街老故事：南門大腳印》所述，新市場建築「大致上一樓內部有獸肉區、蔬果區、民生物品百貨區，市場北臨的民生路段十三間二樓洗石店鋪，有理髮、木屐、茶葉、百貨、新娘物品、豬飼料、百貨衣物、裁縫、電器等。市場內部攤販多半經營早市，市場外圍店家，多數上午外租流動攤販叫賣貨物，傍晚與夜間多半外租小吃與傳統美食攤販，早晚人車絡繹不絕」。

從以上文字看來，直至今日市場情況仍和往昔一樣熱絡，只不過一市仔內儘管有許多熟食攤，但大多不是可以坐下來當場享用的小吃攤。

走一圈，邊吃邊買各種生鮮

譬如市場入口處有家傳承三代、逾百年歷史的「德茂醬園」，由創始人柳德茂以獨家醃製技術，作出膾炙人口的醃紫薑、破布子、涼拌菜心等醬菜，其中台式泡菜都是選用梨山或大禹嶺的高山高麗菜來製作，尤為人氣商品。

隔鄰的水果攤上當令水果如鳳梨、百香果等琳瑯滿目，店老闆非常熱心，不但指引我去看舊市場紅磚的「老虎口」設計，還拿了一盒「柑仔蜜」要我嚐嚐。聽得懂柑仔蜜是番茄者，大概就非得像我這種上了年紀的人了。

農產品到了彰化，在價格上較為吃虧，現在許多農作都從南部產出，先在產地賣個好價錢，到了中部似乎就沒有那麼好的利潤了。

市場內的熟菜甚多，熟菜在這裡被呼為「便菜」。「阿菊姨美食便菜」是近五十年的老店，便菜不只是人吃的，中元節拜拜還需要做不同準備，如拜公媽（祖先）要備三牲（雞、豬、魚）和六碗便菜飯；拜地基祖要三項便菜，如熟食、雞腿、炕肉；拜好兄弟的三牲則要全雞、豬肉和有魚尾的全魚，規矩可多著呢！

⊙ 來阿菊姨美食便菜可以買到拜拜用的全雞，非常方便。

在台灣，製作摃丸、魚丸幾乎是一種專門行業了。一市仔裡的摃丸店家使用的是台灣豬的後腿肉，愛吃摃丸的朋友，早就不必跑去新竹選購了。

這裡有家「炸與烤の店」，賣的是紅糟肉、三色蛋、蚵仔捲、蝦棗等，其中紅糟是以米酒替代過去的高粱酒，如此降低酒氣，而這家店販售的品相，在台南便呼之為「香腸熟肉」。

「福龍行製麵」是市場內老字號的麵廠，規模不小，成立於一九六九年，由張國梁師傅親自製作。這家的麵條不添加防腐劑，不使用漂白劑，產品種類繁多，包括各種麵條、水餃皮、餛飩皮等。其中最受歡迎的產品有黃金苦蕎麥麵，還有色彩頗具巧思的蔬果五行麵，採用蕎麥、菠菜、紫薯、南瓜、紅麴等五種食材製作，極具視覺效果。而我則對其南投意麵情有獨鍾，老闆給我麵條時，還特別強調有「摻雞蛋」哦。這就有趣了，還給了我研究台南鹽水意麵和南投意麵的靈感。

小吃名稱寫得對不對？

彰化美食實在超過我的想像，然而第一市場內並非所謂的「美食廣場」，真正的美食分佈在市場外擴建的街廓，網路上有人熱心的將民生路、中正路和博愛路整理出「完全攻略」名單，並不在意其滋味與飲食文化的溯源。或許不必一樣樣臚列出來研究，只需就其與別的縣市特色做出區分，也是一種欣賞飲食文化的入門之道。

譬如彰化著名的拉仔麵，我早就考證為文糾正，應叫「搦仔麵」，是抓、握的動作。搦仔麵是形容製作麵條時，必須不時去抓取麵條抖乾而得名，和拉扯無關，正名後，吃過的人對這種麵食應該會留下深刻的印象。

再如「米粘目」，「粘」字是攤家自創，是罕用字且是大麥的意思，但這裡的招牌都寫成「米粘目」。現在多數人將此物寫作「米苔目」也不對，米苔目其實是從客家話的「米篩目」借來的，客家人將陳年在來米和蕃薯粉攪拌成糰狀，然後穿過孔狀的米篩目做出白色米條，這是客家人的智慧，只不過寫成「米篩目」也怪怪的，因為那是一種工具，並不是食物。但寫成「米粘目」，電腦字常打不出來，要人家怎麼介紹報導？

像是賣炸物的招牌寫「蚵嗲」者也錯。蚵是閩南音，嗲是閩北或閩東音，兩者皆是指「牡蠣」。見教育部《臺灣閩南語常用詞辭典》釋義：「一種油炸的地方小吃，將鮮蠔摻上豆芽菜、韮菜，裹以麵粉漿，下鍋炸成圓扁形，吃的時候沾上醬料，酥脆可口。」

還有爆皮麵是將豬皮炸過後，使其膨脹，實則不是爆皮而應作「磅皮」（pōng-phuê），教育部《臺灣閩南語常用詞辭典》釋義：「用油炸過的豬皮，使它不再堅韌，組織變鬆脆，是一種可保存較久的食物。」

雖然一路走來，各店家錯字連篇，但只影響我的「視吃」，好在食物沒有壞了我的胃口，還是喜孜孜的說：「好吃、好吃！」

魚夫拋拋走
影片帶路逛

彰化南門市場

走過榮景之後的在地美味

CHANG HUA

過去曾是高檔南北貨和辦桌菜
重要的食材販售處，
大火過後再加上時代變遷，榮景不能同日而語，
不過這市場附近幾家美食，
仍深具特色，值得造訪親嚐。

滷肉麵

壽司

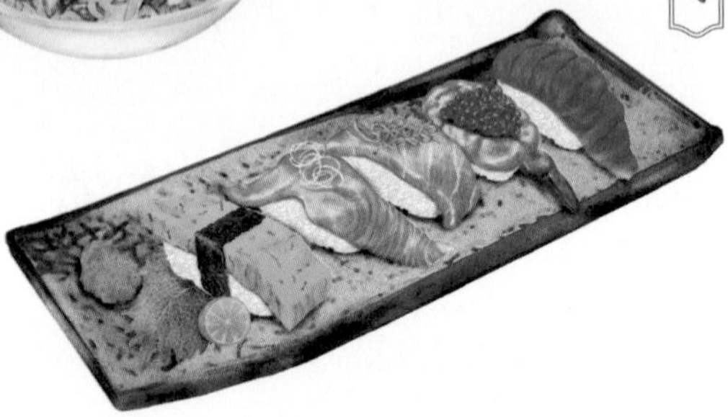

潤餅鋏

彰化南門市場曾一度力圖振作，但成效不如預期。幾經整治，如今二樓是提供板彈球、桌球、劍道等健康運動場所，人聲反而比一樓的市場更為喧嘩，但市場內仍有許多美食值得一嚐，諸如國珍滷肉飯、四五番食堂及市場周遭的潤餅店。

日人入台後著手建立公有消費市場，一九〇九年選定南門市場今址設立了「彰化市公設消費市場」。

一九三六年又進一步興建彰化市貸店舖（いちかいてんぽ，直譯為「市場店舖」），範圍從南門市場的東邊往前擴建到今之民族路，南至永樂街，北到民族路上的出入門。

從國史館臺灣文獻館的「彰化市貸店舖新設工事設計圖」來看，是一整排整齊美觀的二層樓街屋，一樓軒下（走廊）之上，留有看板的門額空間，其上有窗戶向外突出，窗下留有三個圓窗，各個街屋都統一設計，然現在唯一留存而無遮蔽物者為民族路四八一號的建物。

本來南門市場的內外都保存得尚稱良好，一九八一年四月三日凌晨，一場大火造成市場內外一百多家商戶被焚毀，損失至為慘重，直至一九八三年才重建完成，然而日治時期的風貌也幾乎全毀了。

薪傳三代滷肉麵

南門市場過去曾是高檔南北貨和辦桌菜重要的食材販售處，大火過後再加上時代變遷，當然榮景不能同日而語，不過這市場附近幾家美食，仍深具特色，值得介紹。

來到彰化品嚐美食，一般小吃攤賣大麵者，少不了兼備滷鴨蛋和香腸等。大麵是台灣傳統的熟麵，而生麵則大部份是一九四九年後中國北方外省人來台才出現的。

所謂大麵者，即油麵，因為加入鹼所以呈黃色。也有一類是寬扁型麵條，是彰化人慣稱的「拉仔麵」。我初次聽到這個名稱，便好奇詢問：「此拉麵乎？」非也！「蛤仔麵乎？」亦非也！那是什麼東東？

我請攤家用台語清楚唸一遍，原來是lák，漢字作「搦」，是抓、握的動作，是形容製作麵條必須不時去抓取抖乾的動作。

國珍滷肉麵是市場裡最經典、薪傳三代的傳統小吃，事先煮熟的大麵拌點花生油，置入蒸鍋裡保存溫度，老闆套上塑膠手套往鍋裡「搦」起適量的麵條裝入碗裡。配菜中的香腸免不了，而滷鴨蛋

⊙ 國珍滷肉麵是市場內傳三代的經典小吃。

和雞蛋不同，口感飽足又香氣迷人，另外，肉羹食來香Q有彈性，而手工油蔥丸子更是彈牙。

新舊並陳的特色美食

為了吸引年輕人重返市場，近年來也出現諸如經營店面比較時尚的南門茶館、梀玖咖啡等，最膾炙人口者則是其中一家「四五番食堂」，賣的是各式日本料理，店面也裝潢得頗有東瀛味道。

食堂的店老闆名喚林建志，他是彰化市老店「芳月亭」的第四代。芳月亭本來在火車站附近賣排骨飯、麵和各式切仔物，早期電話並不普遍，和彰化鹿港「三番錦魯（滷）麵」的故事一樣，人們只記得電話號碼是「三番」，而芳月亭電話則是「〇四五」，乃被林建志借用成為市場裡獨樹一幟的「四五番」招牌。

林建志的團隊手藝了得，二〇二二年還接到歌手周杰倫生日趴餐會的外燴訂單，有見到周董和昆凌夫妻，直呼「人生成就解鎖」！這家店從下午五點開到約晚上十點，因為生意沖沖滾，有成為市場領頭羊的態勢。

此外，還有潤餅值得一試。潤餅在中國北方稱春捲，但到了廈門、南洋等地稱薄餅，隔海到金門便換了名字叫「七餅」，跨過台灣海峽稱潤餅，或作輭餅。捲好後，咱台灣人吃得喜孜孜，稱之為「潤餅𩛩（台語讀做kauh）」。

這個「𩛩」字，即華語「捲」的意思，據教育部《臺灣閩南語常用辭典》的解釋：「計算成捲物品的單位。例：一『𩛩』潤餅，tsi̍t kauh jūn-piánn（一捲潤餅）。」

鮮少人知道Kauh的漢字寫法，尤其小吃攤裡許多用字經常錯誤百出，那也是因為基層人民並無那種美國時間去考證究竟哪個字才對？過去也常有人因對台語不曾深入瞭解，便自以為是的創作新詞來使用，只是有趣的是，不知何方神聖指點迷津，潤餅𩛩的漢字在彰化是寫對了，但「拉仔麵」卻沒被正名為「搦仔麵」，可怪也乎！

魚夫拋拋走
影片帶路進

嘉義東市場

嘉義人的灶腳，盡顯美食職人精神

CHIA YI

嘉義東市場不只歷史悠久，
樣樣美食都可口誘人。
幾乎市場內每家老店都傳承三代以上，
儼若日本職人堅持崗位，
代代相傳守護家業，令人肅然起敬。

牛雜湯
網紗肉捲
羊肉湯
土楊桃湯
春捲

嘉義東市場是嘉義人的灶腳，不只歷史悠久，樣樣美食都可口誘人。令人感到訝異的是，幾乎原本市場內的每家老店都傳承三代以上，儼若日本職人堅持崗位，代代相傳守護家業，令人肅然起敬。

台灣本為瘴癘之島，漢人衛生習慣又不好，易流傳各式疾病，日人入台之後，總督府致力整頓清國時代到處發展成形的露天市街攤販，於各地建立推行公設市場。除少數歷史傳統台民市場外，絕大部份都得重整，且嚴禁公設市場外隨意設攤交易。

一九〇〇年（明治三十三年），依民政長官通令成立「嘉義衛生組合」，清除個人經營的露天市街攤販，並一律集中到今嘉義市東區忠孝路與中正路口的室內市場，這就是嘉義東市場的前身。

值得一提的是，日本時代的市場一般均區分為內地人（原日本人）和島民的市場，除了飲食習慣以外，也有著統治者權威及傳統家庭文化有別等因素，現在嘉義人俗稱的東市就是台灣人的市場，而西市則為日本人專屬市場。

早期命運多舛的東市場

一九〇六年，嘉義發生大地震，原市場建物應聲倒塌，市府方面乃趁災後重建，展開市區改正，將城內街道規劃為棋盤式設計，也自此確立了東市場的範圍。根據文化部資產局的記載，工程於一九〇七年竣工，並於三月一日舉行開業式。直至一九〇八年市場全面公設化後，嘉義衛生組合解散，「嘉義市東市場」改由地方廳長管轄。

然而東市場可謂命運多舛，嘉義市政府文化局出版的《諸羅文化誌》上說：「東市場蓋於日治時期大正三年（一九一四年），整棟建築物採用大量的檜木材料，並以挑高的建築形式完工。昭和十六年（一九四一年）二月十七日發生中埔地震（又名嘉義地震），大多數建築都傾倒成為平地，時逢戰爭時期，資金嚴重缺乏，重建時直接就地取材，以嘉義檜木為主。」

後來，在一九四一到一九四五年間，因第二次世界大戰常有轟炸機轟炸，引發東市場零星火災。多災多難的東市場，戰後又歷經祝融之災，一直到一九八七年另增建鋼筋水泥大樓，成了半木半水泥的混搭樣式。然新建的鋼筋水泥大樓被利用者少，

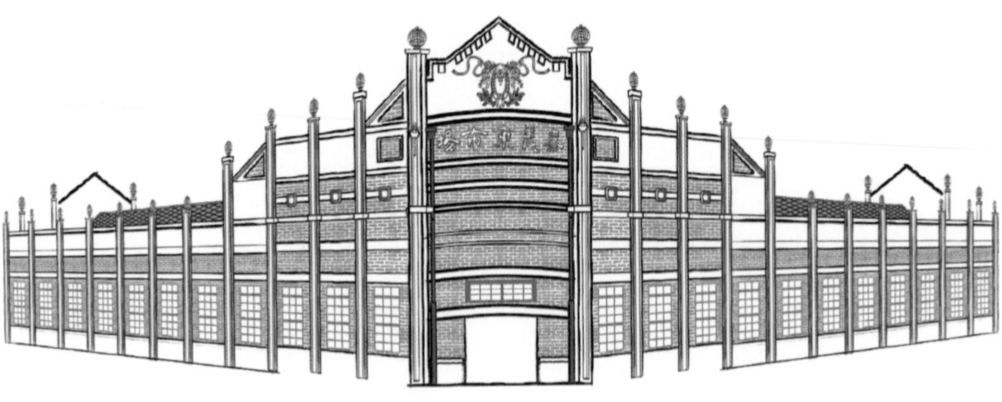

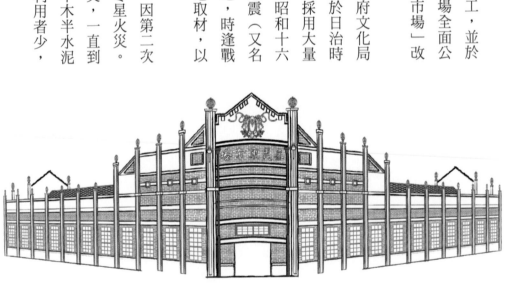

只好塞進許多公家單位，這恐怕可以計入台灣奇景之一了。

傳承三代以上的特色職人美食

東市場內的美食攤很多，如果加計場外雲集的店家，估計可至數千攤以上，要全講述過一遍是不可能也沒必要，於是集中在幾家三代以上相傳的店家做介紹。

其一、東市蔡家本產羊肉。這味堅持本土生鮮羊肉，羊肉湯以當歸熬湯，食來甚為爽口，毫無羊騷味。羊肉之外，亦有羊雜，如若再滴兩滴麻油，更能提味。

店招上寫著創立於一九五一年，目前已由第三代「佇擔」，可是第二代卻說他本身從跟著父親一起做，就有十五年歷史，他如今已八十一歲，算來工作了七十五年之久，現在接手的第三代，也已白髮蒼蒼了。

其二、王家祖傳本產牛肉湯已傳承四代，每日清晨六點開張，實則當日淩晨就已開始整理從朴子送來的鮮貨。牛雜頗難處理，必得裡外清洗到非常乾淨，食來才不會沙沙刮口，亦可去其腥味。

一大早來，點來牛雜湯一碗，最好配碗白飯無

⊙ 王家的牛雜湯，吃完讓人很有飽足感。

肉燥，口感才不會喧賓奪主，牛雜沾以店家獨門祕方的配料，也可在湯中加入少許白醋提味，加湯免錢，這一碗甚具滿足感，飽過中食。

其三、蕭家春捲。東市場裡賣春餅者有兩家，另有一家為「東市春捲」，兩家都經歷超過一甲子以上的歲月。嘉義人稱春捲為春餅或潤餅，東市場的春餅是將要包的餡料放在鋼製圓盤上，中間有一圓管通到盤下的菜湯，利用蒸氣來保溫，也可用長勺伸入舀湯。

一付春餅最多可包進四、五種配料，也放肉燥。比較有趣的吃法是連麵條都包了進去，這種吃法，嘉義人食來津津有味。現在第三代也開始在店裡幫忙了，嘉義人的口福不減。

其四、東市意麵。嘉義意麵和台南意麵製法有所出入，高筋之外並無高蛋白，不加蛋去製麵條；通常說吃意麵，指的是乾麵，加肉燥、幾塊肉片，食來亦十分彈牙。

乾麵附贈清湯一碗，加滷蛋，居然就放在湯裡，或點來旗魚丸湯，也是不錯的組合。這攤自稱有八、九十年歷史了，也到了第三代，從早上八點賣到中午收攤。

其五、東市場魯熟肉。魯字其實應作「滷」，所謂滷熟肉其和台南的「香腸熟肉」大同小異，但和北部的「黑白切」概念有異；後者是中央廚房的一貫製作，前者則為總鋪師在不辦桌時用以討生活的擔頭，所有切料都是自製，才能展現手藝，口耳相傳以資宣傳，辦桌時則閉門暫時歇業，其後漸漸成為專業。

惟嘉義的魯熟肉中有台南的蟳丸，此處叫蟳粿，用紅菜頭等去蒸熟。老實說，蒸丸不是蟳丸，這道食物源自中國漳州蒸丸，又寫成蒸圓或蒸元，和滷麵一樣，為當地著名的閩南菜，蒸的發音tsing，由於台語甚少用到蒸字，大部份都說「炊」，所以蟳丸可能是漳州傳進台灣後的訛音，由蒸轉為蟳，當然裡面原本就沒有蟳（螃蟹）了。

現代年輕人不識魯熟肉之味美，米其林必比登的評審們也不知道那是什麼東西，這家薪傳三代的美味，連我都怕是否仍會永遠流傳下去。

期待美味永世流傳

其六、土楊桃湯。「東市楊桃冰」的老闆據說有「東市第一寶」之稱，招牌楊桃冰採水上鄉柳仔林出產的土楊桃製成，我要是在市場內吃過一輪，便會來此豪飲一杯。但所謂第一寶非指其冷飲而已，初邂逅，老闆拿出手機找我拍照，我本以為他認出我來，原來是來者統統要照相留念，合照還上傳ＦＢ，後來我發現留言中有人跟老闆說，和你合照者很像魚夫哦，所幸老闆沒回覆：「魚夫是誰啊？」我離開電視圈多年，雖已過氣，總算還幫我保留了一點顏面。

這家楊桃冰在招牌上明明白白的寫著一九二二年創立，超越百年，現到了第四代，真是驚人。

其七、袁家肉羹。這也傳承至第三代，食物可謂「黑白通吃」。黑者肉羹也，以豬後腿製羹，厚切處理，口感飽足。白者浮水魚羹也，取旗魚背部三角肉，經煮熟浮出水面，肉質軟綿，吸收羹湯後更增益其香醇滋味，或有求其滿足感者，則麵羹不失為上選。

其八、袁家筒仔米糕排骨酥。一九四八年創業，現在的老闆是第三代。嘉義的米糕大都是筒仔米糕，使用尖秫（tsùt，糯米）舊米來製作，底層鋪以自家做的肉燥，從筒子裡倒出來時，先在盤子上倒上一層醬油。說來極為陽春，和台南不同，台南米糕比較像油飯，古書曰「盤遊飯」。在保溫上，嘉義米糕放在「籠床」（lâng-sn̂g）裡炊蒸，台南蒸好的米糕得放在一層「茭苴（thsu）」上，以鏤空透氣能排水煙，又得用木製蓋子重壓封口，謹防熱氣散開。古早人說「籠床（蒸籠）蓋坎無密」是歇後語的「漏氣」，就是這個意思。

東市的袁家米糕還備有筍乾、苦瓜肉骨（排骨）湯，頗為膾炙人口，常見當地人外帶回家大快朵頤。

不過袁家的炸排骨多年來已從配角晉昇為主角，而第三代老闆至今仍堅持使用豬油來入鍋油炸，務求香氣四溢，令人食指大動。

其九、阿富網絲肉捲。寫「網絲」是錯的，正解為網紗，即豬腹膜，台語念成Bong7-se，聞聲測字，「網紗」是也。網紗者，其形攤開來如一層薄紗，筋絡成網狀，台灣人吃豬油，最高級的為「板蚋油」（如蚋般呈白色的腹部油脂），其次就是「網紗油」了，這是固定豬隻體內的隔層油脂，經高溫油炸後，分佈在腹膜上的油脂就會溶解滲入到內餡裡，使其入口更加油滑，誘發出一股清香來，台灣人不只用來包蝦捲，也用在肉捲、雞捲，即所謂的kng2（捲）或kian2（卷）等外衣。

咱們遍嚐各地的肉捲、蝦捲、加捲……等，絕對沒見過阿富他們家的那種巨無霸的模樣，不只樣子驚人，嚐過滋味後更是驚人！

如今傳給第三代主其事了，希望這網紗肉捲能永世流傳！

魚夫拋拋走
影片帶路逛

⊙ 阿富網絲肉捲，可說是肉捲、蝦捲中的巨無霸。

嘉義西市場

在地人帶路的老店巡遊

CHIA YI

嘉義西市場的前身
是以日本人為主要營業對象的市場。
而現今存在西市場內外的店家，
仍有些美食值得一嚐，
是許多老客人心中的懷念味道。

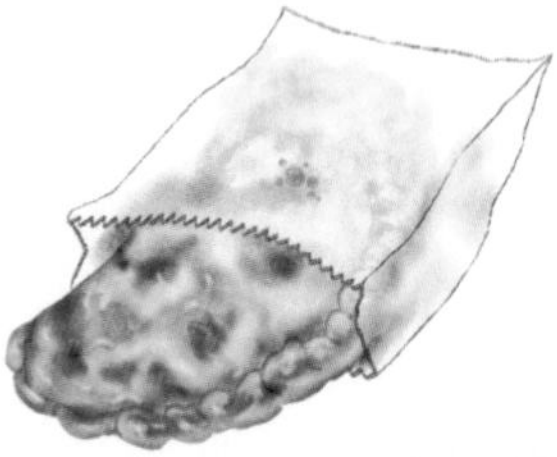

韭菜盒

滷味

滷熟肉

鮮魚湯

紅燒鴨

日治時期的市場，大都依日本人、台灣人的飲食習慣等差異分開設計。嘉義西市場始建於一九一二年，即以日本人為主要營業對象，而東市場則是台灣人活動所在。

在日人統治之前，漢人不注重環境衛生，且只有市集卻無現代市場之觀念，幾經整治，乃於一九〇〇年通令各地方官嚴禁市集個人呼賣式的經營，將各市集合併由各街庄的衛生組合經營。當時的嘉義「街」就在原嘉義縣署的位置設立數十棟竹造小屋，呼之為「嘉義市場」，還在西門街上設立「嘉義市場支場」集中管理。

大地震後起建新市場

一九〇六年因陳厝寮、梅山斷層錯動發生芮氏規模七．一強烈地震，這是台灣史上第四大地震，史稱「梅仔坑地震」，至少一二五八人遇難。嘉義市受創嚴重，房舍毀損慘重，所以日人展開復興計畫，進行市區改正與下水道整治，並於一九〇七年興建第一代嘉義東市場；一九一二年，在嘉義街西門外新設嘉義西市場。

到了一九三四年，兩座市場同時被提出改建計畫，於一九三五年通過，西市場從此由既有的三棟賣店再新設一棟賣店，攤位數自二〇六個減為一八三個。嘉義的東西市場均為磚造，再利用檜木製桁架，從舊照看，西市場造型典雅，兩層樓高，屋頂高聳開有三角氣窗，頗有令人置身歐風博物館的錯覺。

二次大戰時，嘉義遭到美軍空襲，但西市場馬上於戰後一九四六年的九月修建完成。日人離台後，維護欠佳，一九八六年竟淪為「危樓」，遭到封閉；一九九二年再由市庫直接挹注六億元，拆除日本時代的市場，準備改建成地下二層、地上七層的建物，且另建地下一樓至地上三、四層樓的大型停車場。結果工程一再延宕，直到一九九六年才初步完工，一九九九年水電工程驗收合格。這個案子當然遭到監察院提案糾正，不過最為荒唐的是，至今由於市場排水溝渠設計錯誤，造成飲食店家無法進駐，必須在原有地面上再填高基台，重新設計排水系統，真是令人匪夷所思，而且許多空間因沒人承租，最後竟然成了市府許多單位暫時棲身之地。

現今西市場的美食店家，當然大部份不是封閉前就存在的，因為工程時間拖延甚久，原有的商家早在西市外自求生路了，不過西市裡仍有幾家美食值得一嚐。

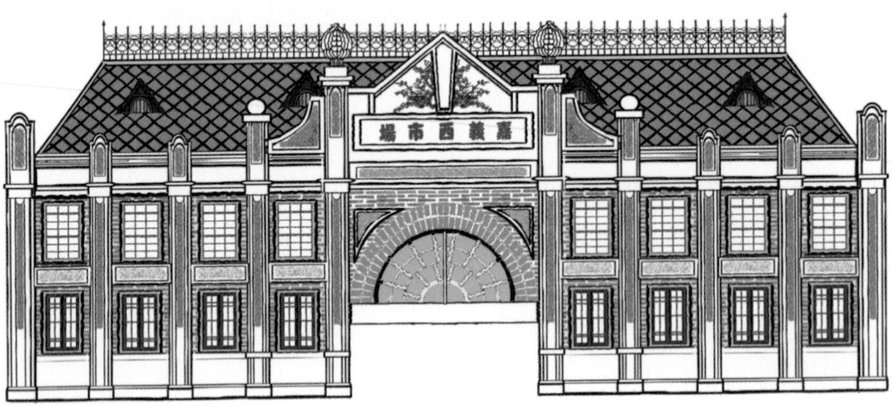

市場內的老味道

其一為正門入口處的「一元素食」，目前由米伯和黃幼春經營。第三代的黃幼春說，她從小就幫阿公顧店，阿公賣的是雞肉飯，那時還是日本時代，接手後，因不忍殺生，改作素食，目前這家店也超過五十年歷史了，所有品項都是自己親手製作，不賣代工成品。老闆透早兩點半就來炊油飯，香菇油飯是人氣商品，另外素肉捲、素肉圓、髮菜羹、炸扁食、滷花菇、水果凍等多達三十種菜色，有獨特的風味。每逢初一、十五，街坊鄰居總愛買些回家當素齋。

其二為賣酥餅、豆漿的小店家，位於六區十九號，在市場後方，不太好找，但在地食食通就是能找到。店老闆劉素琴接手經營約三十年，主打手工獨家自製酥餅、韭菜盒及手工蛋餅皮，是CP值頗高的一家隱密小店。

其三是安師滷味。這是西市場裡非常有特色的小吃，其實嘉義市最有名的福州滷味是在中山路轉角上那家，歷史非常悠久，嘉義福州人的足跡，早期如三山崇善堂及對面的福州山就是安葬他們的所在，戰後也有許多福州人來到台灣，搭乘海運從和平島遷徙而來。

一般台灣人的認知裡，滷味傳自中國的山東者居多，安師的老闆黃啓安的姑丈是福州人，福州的滷味和山東不同，滷製的配方和作法也有很大的差別。基本上都是現宰的溫體食材，還和本市場一區十二號漢藥店配合，滷汁加上漢藥提味，諸如雞心、大腸、腳筋、豬腳等都滷得很入裡。更特別的是，安師老闆巧手包出四方形扁食，獨步全台，屢獲媒體採訪與政府邀約表演，儼然已是國寶級的大廚師了，因此就算是暗藏在西市場後方，也是許多在地老饕口袋裡的隱藏版美食攤。

其四是李嘉祐的紅燒鴨及當歸鴨麵線，從日本時代就有。從姑姑手上傳承到現在，接手經營將近三十年了，土番鴨肉有股濃郁的煙燻味，其獨門醬汁尤為獨特，用紅糟、豆腐乳、味噌等調製而成，乃許多老客人心中的懷念味道。

⊙ 李嘉祐的紅燒鴨以濃郁的煙燻味與獨門醬汁，成為老主顧最懷念的滋味。

其五是西市鮮魚湯。大抵嘉南兩地，曾文溪以北，越接近嘉義，便越多家魚，其中烏鰡又稱青魚，與草魚、白鰱和鱅（大頭鰱）並稱為四大家魚。老闆李文志本來是游泳老師，因為家族經營餐飲事業，自小耳濡目染，便到西市來開賣鮮魚湯，以烏鰡、龍膽石斑、海鱸等為主，湯頭用蒜仔絲、薑絲等煮出一股清甜味來。這家店還曾經參加經濟部滷肉飯節，獲選為年度美味滷肉飯之一，其肉燥是取豬後腿和糟頭肉，遵古法先炒乾，要出擔時再淋上一定比例的高湯，使其滋味更美，所以一大早來吃碗肉燥飯，搭上鮮魚湯，這可就是嘉義叫人豔羨的享受了。

其六是已薪傳三代的西市滷熟肉，號稱創建於日本時代的一九二四年。老闆蔡銘豐曾短暫到中國上海擔任廚師，近來返回台灣從父輩手上接來經營。

台南常見的香腸熟肉在嘉義稱為滷熟肉，對北部人來說，這統統叫黑白切，實則不同，因為滷熟肉這道料理是過去「刀子師」在沒有為人辦桌時，靠手作各種小食切料，以供常客品嚐，兼推銷自己的手藝。

西市滷熟肉攤上的紅粉腸則是用真正的豬腸去灌。真粉腸不難辨識，腸衣上會出現一條條細絲者就是了。再如粉豬肺，乃在豬肺上裹以粉漿，去其腥臊，再配以帶鹹甜味道的醬汁，嗜重口味者還可再添上一大匙芥末提味。在米血裡羼（摻）入番薯簽，這也是嘉義特有的料理手法，使其食來更為軟臬。豬舌則用烏龍茶煙燻，香氣更為濃郁，其餘諸如紅色粉粿、豬肝、豬舌、活鱿魚等，均以手作確保優良的品質。

現任的西市場自治會長王榮三就在滷肉攤的隔壁，他們家的飲料頗受歡迎，冰箱多到幾乎快擠不進小小的店面了。前任會長郭義文則經營一家老字

⊙ 西市滷熟肉的紅粉腸、米血、粉粿等，皆以手作來維持品質。

號的「台北珍肉脯店」，賣的是肉脯、肉鬆、肉酥和魚鬆等，目前傳至第三代，只等第四代有意承接。

從市場裡吃到市場外

前述大約是市場內我個人覺得值得品嚐的店家，事實上，從日本時代西市場附近許多店家便被歸入為西市美食，所以在其周圍還有幾家值得一嚐。

國華街中正路口木造矮房的無名炒鱔魚，來到第二代已經做了四十餘年。其炒米粉使用鱷魚牌新竹米粉，先炒鱔魚，再炒米粉，後將炒過的鱔魚湯汁淋到米粉上，讓米粉吸收精華，再滴上五印醋提味，乃大功告成，米粉變得非常香臬。

對街的「三代西市米糕」和一般筒仔米糕不同，是如同台南米糕那樣用碗盛裝，在糯米糕上攪上肉燥、黃瓜片，也有若干小菜搭配，是不可錯過的美食之一。

西市場我雖然常去，但這回由市場自治會長帶路，才得以深入訪問店家，真是福氣啦！

魚夫拋拋走
影片帶路逛

台南西市場

千嬌百媚大菜市，轉身再現風華

TAI NAN

初來乍到台南，從老照片中發現一座
有如歐洲博物館的建築，竟然是菜市場！
歷經歲月洗禮，原先破落的大菜市，
變成了年輕人的創業新天地，
各種出頭真是令人眼花撩亂。

芋粿
礤冰
小卷米粉
意麵
塗魠魚羹

台南人將西市場暱稱為「大菜市」，始建於日治時期一九〇五年。最初因為是木構造，未幾便遭颱風吹垮，一九一一年重建，隔年完工，佔地三千多坪，市場中央廣場花木扶疏，中央主體是高聳厚重的曼薩爾式石板瓦屋頂，挑高二樓通風採光。攤位在一樓，東翼主售魚、鳥、獸肉，西翼為蔬果南北雜貨。

當時主要是給日本人使用的市場，戰後逐漸沒落。二〇〇三年五月，政府公告「西市場」為市定古蹟，架起了鐵棚保護準備修復，預計規劃為「格子店」式的年輕市集，取名為「淺草新天地」。

早期有如歐洲博物館的建築

十餘年前，初來乍到台南，我從老照片研究這個城市，發現一座有如歐洲博物館的建築竟然是菜市場！

到現場勘察，中央廣場早佔滿了店家，且市場內破落不堪，幾乎等同於荒廢，詢諸於當時市府人員，得到的答案是在整建中。從那時起，西市場就在我眼前逐漸站了起來，原來被霸佔的市府資產也要了回來重新利用，奇特的是變成了年輕人的創業新天地，出現諸如香香老師私房菜、甘草芭樂、American BBQ Cart、鍋燒媽泡菜妹、大菜市鮮魚湯、杏本善、誠餔、Chun純薏仁，另有賣哈日商品的京都奈本舖，又哈日也哈日本柴犬的柴犬大學專賣犬之相關商品，更有一家良心事業的無人販賣所等，真是令人眼花撩亂，現在還有人寫完全攻略呢。

儘管有些店家營業狀況起起伏伏，但和正興街原有的熱絡帶狀連接了起來，成為年輕人遊憩散步的好所在。

大菜市在日治時就是台灣最大、最先進的市場之一，繁華的街景在戰後一度趨於沉寂，很難想像當時悠遊於今中正路林百貨等一長排褐色街廓，然後到宮古座、戎館等去看場電影，再逛進大菜市等的情趣。

不過就在這兩、三年間，市府啟動了「直轄市定古蹟西市場」修復工程，先是讓原有的市場主體建築重現往日風華，也修好外廓賣店的入口。另一方面，周邊有許多景點，諸如海安路戶外藝術街、河樂廣場、蝸牛巷等，均已逐步佈署完成，再擴大整合神農街、永樂市場、國華街商圈以及沙卡里巴等，榮景絕對可期！

聽聞現在主體建物完工後，為了完整重現西市場風華，後續由市場處接手辦理裝修及街廓改建工程，原西市

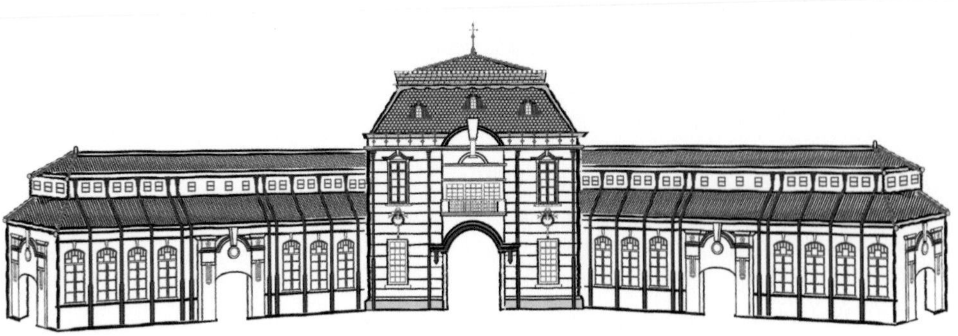

場加國華街攤商暫時撤離，整頓後再陸續安排遷回。

印象深刻的老店地標

其實在我搬到台南長住時，印象中有幾家西市場的老店至今仍留在腦海裡。國華街入口原本有家「泰山冰店」，和市場裡的「江水號」一樣賣礤冰（台語「刨冰」之意）。

泰山是滿頭白髮的老闆的名字，他和一代歌王郭金發是至交，店裡貼滿了年輕時兩人的合照。泰山本來有意傳承兒子，有一回，他兒子真的來佇擔，我去交關，嚇了一大跳，第二代和泰山年輕時長得一模一樣。

泰山的冰好吃，且只要是我去消費，父子都不肯算錢，堅持請我免費享受，只可惜有一天鐵門拉了下來，居然宣佈停業，害我站在門前悵久久不能自已。

市場裡的江水號本來是第二代黃火木老先生和他第三個兒子共同經營的店，二公子可能在自己的事業告一段落後，在老父的協助下於

⊙ 江水號是礤冰名店，第二代也用心經營擴展出新的店。

海安路開設第二家，最後因種種因素，拿老爸的名字「黃火木」當招牌。這老二在改進食材和加強行銷上非常用心，事業自然漸有拓展，我要吃冰也就少去江水號了。

老三的店後來也移出到大菜市旁國華街與正興街的貨櫃屋裡繼續營業，好像沒打算再度搬遷的樣子。

鄭記的塗魠（土魠）魚羹是台南做這一行的開山元祖之一，從這裡淤出去了許多家塗魠魚店。老實說，我不怎麼習慣鄭家塗魠魚牽出來的羹那種甜味，有一回忍不住問他們可不可以減糖？得到的答案竟然是：「啊祖先就都這樣做啊！」原來那麼甜是祖先的味道哦！

這家店在西市場開始重新整理後，承接的下一代決定收攤，從此也不知去哪裡，只好祝福他們應是早就賺起來，好好去享受生活了！

「福榮小吃店」在大菜市裡是特老的店，創立於一九二三年，薪傳四代。現在的老闆葉瑞榮，大家習慣稱他「阿瑞仔」，他的意麵每日現做，新鮮有嚼勁，生意自然沖沖滾。

市場裡他煮麵腳下踏的那塊地板凹了一個淺洞，像少林寺和尚練功留下的足下痕跡，只可惜今後應該不會被保留下來。如今女兒回來繼承家業，滋味可以長存。現在西市場要轉變，他登高一呼，許多店家跟著他轉移陣地到貨櫃屋區。

隨著這些變化，周遭也出現異動。緊鄰西市場旁有一棟中西里活動中心一樓有處美食廣場，其中邱家小卷米粉頗富盛名，忽然間暫停營業，引發網友恐慌，其實原因是活動中心建築被判定為危樓，即將拆除重建，邱家索性暫停營業，後來在國華街上另覓地點重新開張，生意照樣大排長龍。

而我原本擔心對街府城少數仍然存在的「許家芋粿」也會另找福地，看來果然「食芋才會有好頭路」，仍在原地屹立不搖。

千嬌百媚的西市場，何日君再來呢？大家都迫不及待了！

⊙「許家芋粿」仍在原地屹立不搖。

魚夫拋拋走
影片帶路趣

台南東菜市場

不再君子遠庖廚，
沒事愛逛的所在

TAI NAN

在台南住了十年，雖然不下廚，
卻愛上了逛市場，
經常要自我克制，
免得一大早就在市場裡吃個大肚皮回家。

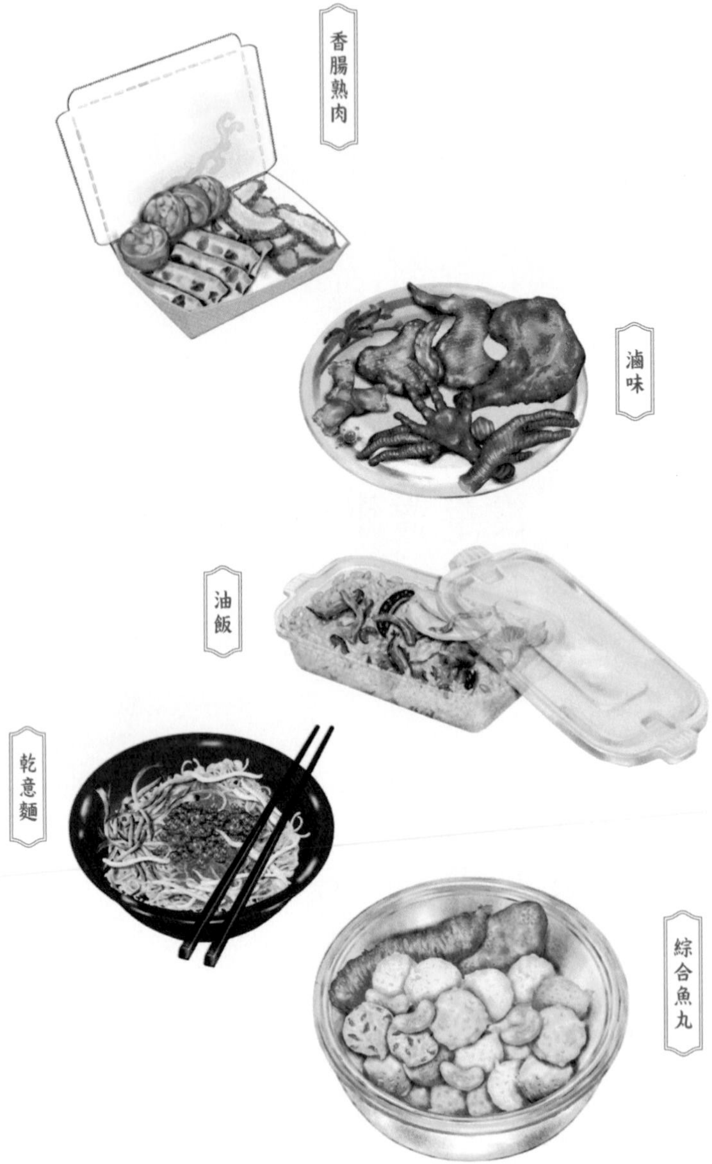
香腸熟肉
滷味
油飯
乾意麵
綜合魚丸

東菜市仔是在台南生活的我，沒事最愛去閒逛的所在，庶民美食饗宴種類豐富，住久了，就愛來這市場裡採買或享受美味，著實深受老台南人的喜愛。

說來台南最早興建的現代磚造市場為台南西市場，即現在俗稱的「大菜市」，然而大菜市其實是日本人專用的市場，台灣人的市場主要集中在從前五條港流經的水仙宮市場，以及城東的東菜市場（在地慣稱「東菜市仔」）、鴨母寮市場等。為因應民生需求，當時的台南廳長選定「經廳口街」附近原有之「第三元會境街魚菜市場」，預設為「臺南市場分場」，於一九〇九年開始起造東菜市場。

「好額人」市場

據台南研究資料庫的記載，興建之初，屋頂係採鐵架結構，作工細緻，一根鉚釘也不需要，而且焊接得相當牢靠；牆面為洗石仿石，場內每個舖位都用檜木做材料。最有趣的是，這市場上午是日本人的市場，下午則成為本島人的市場。

東菜市場開張後，每天鬧熱滾滾，為了滿足大量人口進出，必須加設兩行飲食露店，且牛馬車擠入，交通更形紊亂，於是擇定山川台故地敷地設置了一千坪大的牛馬車繫留場，於一九一四年開闢「東菜市場分場」，位置大概就是在今天東門圓環邊的復興市場。

二次大戰期間，東菜市場不能倖免於盟軍的大爆擊。終戰後，東菜市場再從瓦礫堆中站了起來，戰後一度改稱「東門公有零售市場」，各方來做買賣者眾，因為政府疏於管理，有些從庄腳來做生意的攤商，索性將原用來貯藏貨物的閣樓，改裝成可供人居住的空間，然後用竹梯連絡上下，到了民國六〇、七〇年代，精品委託行生意盛行，來到東菜市場的顧客出現購買舶來品而出手大方的有錢人家，從那時候起，東菜市場是「好額人市場」便成在地人普遍認可的形容了。

東菜市場是隱藏版在地人的美食天堂，大部份的攤家均歷史悠久，有些甚至薪傳三代以上。每個人都有一張逛市場的地圖，我則經常車停萬昌街，然後開始入場巡禮。

東菜市的隱藏版美食

「金鳳姨老牌麵店」雖由第三代又高又緣投的少東站攤，但創店的金鳳姨依然精神奕奕，身材維持苗條康健。我常去交關，和年齡相仿的第二代夫婦熟稔得像多年好友，乾意麵、滷味和涼麵是這家店的三寶。涼麵食來嗆辣夠勁，但我更喜歡的是白色大麵條，攪上麻醬，由於麵條特

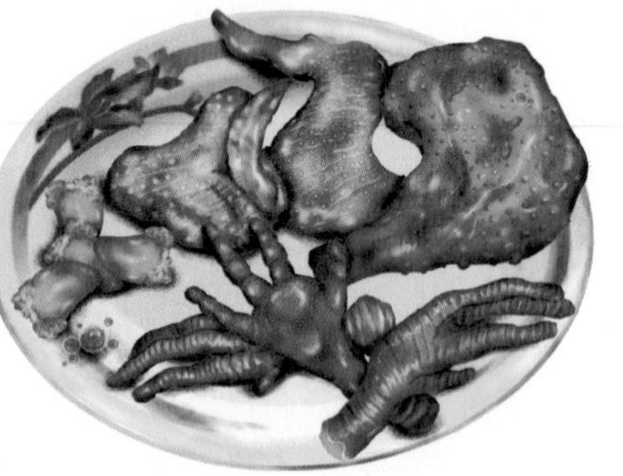

⊙ 金鳳姨麵店的滷味也是鎮店三寶之一。

寬，沾黏的醬汁很飽足，食來一碗意猶未盡很續嘴。

在萬昌街的入口旁有家「一碗小粥 Warm Food」，小小店內空間設計得很文青，有英文的小金句、漫畫等。門前有台小攤車，車上的木桶盛有古早味的鹹粥，客人來光顧，便從木桶中舀起粥品，用牛皮紙碗裝好讓人帶走。那是文青模樣大帥哥老闆的阿嬤之家傳美味，所以知道基本動作要羼進紅蔥頭、蝦米等來益增香氣，很像我老母作的味道，品嚐過後總叫我印象深刻；中午則由姊姊接手，換新口味，推出牛肉飯、咖哩飯和蜜汁五花飯等。

這家店的前身在開山路一一一之三號店門前擺攤，原叫「拾穀古早粥 so good」。他們的粥品在家裡先煮好，再用車子運送來販售，每週營運五天，週末不開店，菜色也儘量不同，大抵有高麗菜粥、芋頭粥、南瓜加高麗菜粥等，每天變換，週五再重覆芋頭粥。我有回遇見他們的父母，原來也在家幫忙煮粥。這粥煮得近似於煲，很費時間，後來搬到東菜市場來，又添了一味季節時蔬粥，價錢走便宜大碗的路線，我稍去得晚了，便被早起的鳥兒一掃而空了。

膾炙人口的熟食攤

其實台南每座市場裡一定至少有家「香腸熟肉」攤，東菜市場裡的「阿嘉」是名攤，每樣東西都讓人食指大動。老闆娘個性開朗，我問她「蟳丸」裡有沒有蟳，她居然回答：「太陽餅裡也沒有太陽啊！」

她對自家每樣食物的背景故事都瞭若指掌，譬如會教人分別北部鯊魚煙和台南水煮鯊的不同滋味，還會教人蒲燒鰻一定要用台灣鰻的道理，以及粉腸裡灌的是梅花肉，也就是嘴皮肉才會好好吃等等理由。

許多市場裡的熟食都很膾炙人口，如「阿粉姨牛乳紅茶&美鳳油飯」，這家是由一對母女開的，因此同一個攤位兩大招牌。阿粉姨是日治時代出生的女性，從不素顏見人，必也將白髮染黑，臉部撲粉，點上胭脂，打扮得端莊文雅才出門。有人趣稱她是最資深的「紅茶西施」，她的牛奶紅茶取自埔里的優良品種，加入老牌子的紅牛牌牛奶、埔里的阿薩姆紅茶葉及台糖特製砂糖來泡製。

女兒美鳳的油飯口碑也甚佳，採本地國產陳年糯米，食來香Q有彈性，台南研究古早料理的美食名家黃婉玲對這家油飯讚譽有加。另外還有那天天現滷的雞腿、現作芋丸、菜頭粿等，都是定番必選，最好是買了油飯，也順手提杯奶茶走。

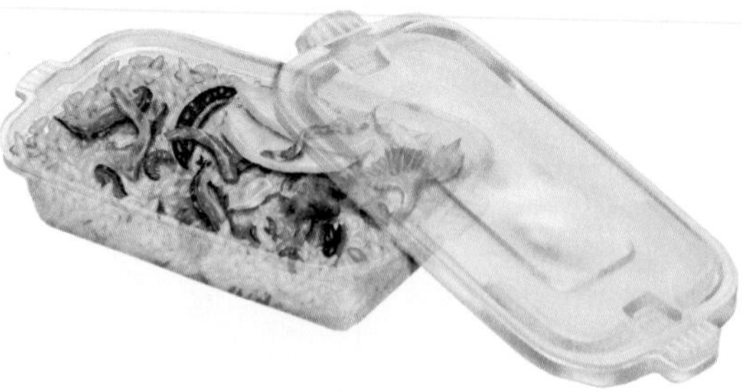

⊙ 美鳳油飯食來香Q有彈性。

玉米也是市場裡經常會出現的攤家，而台南東菜市場裡有兩家知名的「煠」玉米，分別是鄭記黑珍珠玉米和玉春珍珠玉米。

煠這個字，華語讀成ㄓㄚˊ，台語發音為sah，就是汆燙的意思，我台民多數不知這個用字學問大，古書裡經常出現，諸如：

《西遊記》的「鎮元仙趕捉取經僧　孫行者大鬧五莊觀」：「大仙叫架起乾柴，發起烈火，教：『把清油拗上一鍋，燒得滾了，將孫行者下油鑊炸他一煠，與我人參樹報仇。』」

《金瓶梅》的「西門慶乘醉燒陰戶　李瓶兒帶病宴重陽」：「西門慶令左右打開盒兒觀看：四十個大螃蟹，都是剔剝淨了的，裡邊釀著肉，外用椒料薑蒜米兒團粉裏就，香油煠，醬油醋造過，香噴噴，酥脆好食。」

有一回在路上見人在賣「傻玉米」，心忖玉米如何變傻了？這又是什麼火星文？原來是店家不知用那個「煠」字才對。

早期夜市裡最多見的是白玉米「台南二十二號」，事實上，最好的玉米要選糯米與台灣土玉米（俗稱土種仔）的混種，這品種多汁且具黏性，也必得透早就出門，還得在淩晨兩點時採擷沾有露水的新品，這時候玉米的味道最為香甜。大抵上等玉米採收後，要運過濁水溪，就和虱目魚、溫體牛一樣，稱不上新鮮了。而鄭記的黑珍珠玉米分成四個種，顏色越深者就是糯玉米，口感越是厚重，若是呈黃、白等顏色，就鬆軟許多，但仍富嚼勁。

不過本來生意沖沖滾的鄭記，後來不知為何暫時歇業了，令人惋惜。

跟著台南人吃虱目魚

如果想見識台南人怎麼完全利用虱目魚這樣食材，那到「明宗魚丸」的攤子上去看準沒錯。老闆吳明宗十三歲就跟著叔叔學做魚丸，至今種類令人眼花撩亂，舉凡蝦丸、元寶魚丸（菱角魚丸）、福州丸、魚漿魚皮、香菇丸Ａ１級、大小條黑輪、甜不辣、八寶繭、炸扁食、海苔繭、蝦捲、蚵拌、蒲鉾（魚板），還有吳明宗自稱他發明的用水鯊刺尾、火燒蝦，以及香菇、筍絲作成的魚翅羹，只消八十元就吃得起的平價料理等等，號稱台南人吃過的魚丸湯，有許多都是他手作的食材。

還有阿花虱目魚貨源來自安南區自家養殖魚塭，每天現撈現賣，「搧」魚肚的刀法利落，每天都大排長龍。

阿土伯的土豆糖仍採傳統花生糖包香菜的形式，二十一世紀的今天來看，倒是叫人驚豔了；邱惠美的阿美鳳梨酥和古早味蛋糕，我也不知吃過幾回了，實在膾炙人口，吃不夠還會到水仙宮的分店買。

美食琳瑯滿目的東菜市場，其他諸如劉記煙燻滷味、甕王雞等等，這些令饕家們垂涎三尺的美味，都值得一再去交關。

另外還有市場口傳承三代七十餘年的鄭記麻糬，位於東菜市場的青年路入口。台灣賣麻糬者通常和雙糕潤、菜燕、九層粿和油蔥粿搭配著賣，其中九層粿又稱九重粿或九層炊，客家人說九層粄，好像也有人叫油蔥粿，這些名稱在台灣人的口語裡都不是很精確，吃錯攤也是常有的事。

九層（Káu-tsàn）粿固然有時稱九重（Káu-tîng）粿，但黃婉玲女士曾說：

「（九層粿）過去的作法是只用在來米磨漿，現在為了追求更加Q彈的口感，有良心的店家會用在來米粉加澄粉和玉米粉，但有些業者就直接加入硼砂或鹼以達到效果。好的九層粿在口中散發出的是米香，一層層撕下，口味上並不甜膩，過去老人家牙齒不好的時候最喜歡用九層粿代餐，夏天時從冰箱拿出，冰冰涼涼的口感更是酷暑的最佳午餐。真正的九層粿只能當天享用，無法宅配，這年頭想吃極品九層粿還真不是容易的事。」

從前住在台北，菜市場我是不去的，故君子遠庖廚也，但是在台南住了十年，雖然不下廚，卻愛上了逛市場，經常要自我克制，免得一大早就在市場裡吃個大肚皮回家。

魚夫拋拋走
影片帶路逛

鴨母寮市場

從這裡開始品味
老台南人的好食

TAI NAN

要把鴨母寮市場的美食都找出來，
當然不只我說的那些攤而已。
鴨母寮市場從前是我丈母娘最常去採買的所在，
如今我也三不五時來逛逛，
不知在天上的丈母娘看女婿，會不會越來越有趣？

肉圓
麵煎嗲
香腸熟肉
四神湯
蚵嗲
蟹殼黃酥餅、光餅
當歸鴨腿肉麵線
鴨米血

鴨母寮是老台南最重要的社區型市場之一，年代甚為久遠。從前在今天的成功路巷子裡的天下飯店（現更名為「天下南隅」）和北區區公所，本來有一條德慶溪蜿蜒流經，因為有人在溪畔養鴨，所以有「鴨母寮」的稱號。

此處市集的出現，據說是從現在被建物包圍住的三老爺宮前廣場開始的。這座廟宇前所立的石碑上，書有「國姓爺上陸頭暝安營之地」。原來當年鄭成功攻打荷蘭人普羅民遮城（今赤崁樓）時，從禾寮港德慶溪登岸，禾寮港現也有立碑定位，放在民族路二段和中成路上。不過這些事蹟都如是我聞，爭議當然存在。

三老爺宮創建於一七五〇年（清乾隆十五年），奉祀朱王爺、曹王爺、魏王爺，其中朱王爺即是鄭成功，那時據說因政治因素，只好以祭拜朱王爺為名，實際為鄭成功。這廟幾經修繕，目前維持一九九六年之後的樣貌。

廟前市集漸漸發展起來，進入日治時代，為因應民間需求，一九一八年（大正七年）起造現代化市場，當成是東市場的分市場，取名「明治町分市場」，簡稱「明治市場」，戰後再改名為「光復市場」。鴨母寮市場屢被改名，其實多數的百姓都不習慣，在一九八五年市場曾遭祝融之災而重建，到了二〇〇七年，市府索性尊重民意，正式更名為鴨母寮市場。

鍾愛的美味一攤接一攤

住在台南，我常會去鴨母寮市場品嚐美食。十幾年前搬來，就非常中意市場裡土伯夫婦賣的碗粿，再配上碗滷羹，真是人間美味。土伯夫婦倆後來因年事已高，便退休去也，所幸市場裡還有攤「武廟蔡碗粿」也是三代老舖，不過蔡家原先在祀典武廟前還有家店，一店一攤相呼應，只是最近那家店已不知何所之了。

再來是愛上一九八六年創立的「阿茂的麵」。這家的乾意麵，淋上肉燥，又鋪上精肉，再來兩塊魚板，別有一番滋味。二〇一二年正式取名為「茂爸の麵」，二〇一七年與「當歸鴨一號」、「轉角廚房」等榮獲優良市集認證。前幾年，第二代接班的兒子，其友人又在安平區文平路開了家分店，兩家店的口感差不多，所以我總是隨興兩家都去嚐味。

鴨母寮裡有名的麵店很多。有一家著名的炭火麵人聲鼎沸，早期可以在市場裡自己選些配料來請店家代工，又因燒炭烹調，口味香氣十足，生意沖沖滾。雖然如此，但因在市場裡經營，用餐環境並不理想，有人私下稱其為腌臢（a-tsa）麵，卻仍有許多人趨之若鶩。

「三津製麵」是號稱將近百年的手工製麵攤，從一九二八年開始經營。當時在阿猴城（屏東）有位二十五歲的年輕人黃老得，他在公有地夜市場內的小矮房裡製麵，如今薪傳三代。這家的特色是素燥麵、素麻醬麵、沙茶麵等，也就是素食者的最愛，因為還強調是豆達人，自然有滷得入味的百頁豆腐、豆皮與麵腸，並有甜點諸如豆花等，近年還到新光三越新天地的地下二樓開起令人眼睛為之一亮的店面來。

位於市場口的「泉成點心店」於一九四九年創立，第一代老闆是吳泉，現在已由第三代接手，專賣各式炸物和手工丸子，魚丸、蝦丸、肉丸、炸蝦仁、炸蝦捲、炸花枝、四季豆、炸紅蘿蔔及炸塗魠魚等，自己挑，論斤稱兩計價，店內也有美味可口的油麵，值得一嚐。

再走進去，阿婆的巨無霸布丁赫然出現，店名其實是「弘記美食店」，但大家都被布丁給震懾了，店名也沒人記。那布丁一個有約三、四個正常布丁大，許多年輕人在網路上探得消息，都衝著這布丁來，除了大口品嚐外，也不忘拍ＩＧ照。

香腸熟肉攤在市場裡有幾家，其中一家老字號已有八十年以上歷史，就在賣布丁這一側，另外一家阿惠香腸熟肉也是許多總舖師的最愛。台南人說的香腸熟肉，其實是府城總舖師不為人辦桌時的手路菜。來這裡不可錯過的是材料飽滿的三色蛋，以雞蛋、鹹鴨蛋和皮蛋為食材組成，還有一種顏色接近的「蟳丸」，其實內餡沒有螃蟹，原來寫成「蒸丸」，中國漳州至今還可以見到這種食物，而台語所謂「蟳」乃由「蒸」轉音而來，當然裡面沒有螃蟹。

當歸鴨與蚵嗲

市場第一號的攤位，因為沒店名，索性用招牌當歸鴨取名為「當歸鴨一號」。他們的當歸湯裡面還摻入川芎、鬼針草等藥材，一大早六點多就開始炕湯，約需兩個小時，他們的當歸鴨肉麵線食來有溫補感，又不會漢藥味太濃，且鴨腿軟嫩，很對我的胃口。另外這間的鴨米血、雞絲飯、當歸豬腳湯嚐來滋味均屬上乘。

這一攤已傳承三代，創始人本來在市場正面隔著成功路相望，大約是今之停車場的位置，和友人在路邊擺了個攤子。後來拆夥獨自經營，再搬進鴨母寮市場裡面，總做了快一甲子，第三代在二〇二一年於關廟開了分店。

另外市場裡有一家炙手可熱的炸蚵嗲、蕃薯和金絲捲攤。先說蚵嗲（爹）為什麼不叫蚵媽、蚵娘或蚵姊呢？我小時候在故鄉大廟前也有人賣蚵仔嗲，生意沖沖滾，因為炸蚵是用一種長握柄，前端圓形微凹的容器就是個可盛裝食材的小盒子，小盒子的台語發音為khok-á，寫成漢字為「殼仔」，像個半邊的盒子，所以叫「殼仔嗲」，可怪

⊙ 當歸鴨一號的當歸鴨腿肉麵線食來有溫補感，且鴨腿軟嫩美味。

的是這三個字中居然「蚵」字消失了。

長大後，我一直不解「殼仔嗲」中的嗲為何義？有一回去中國福州，福州話的「蠣餅」發音為diê-biāng，有人說漢字應作「蚳餅」（這也是福建莆田仙遊一帶的稱法），又叫「海蠣餅」。換句話說，蚵仔用福州方言來說音近似於「疊」，輕聲就念作「嗲」了，那麼「蚵嗲」可以想像是台灣早期一位口操閩南語的人，遇見了閩北福州人，同時看見了「蚵」，福州人卻「嗲、嗲、嗲」的叫，最後雙方妥協，台灣蚵統一福州嗲，統稱「蚵嗲」，或者最該用的字其實應是「蚵蚳」？

現在教育部確定的蚵爹寫作「蚵炱」，好啦，咱們的蚵炱來了，請享用。

多來幾次，找遍鴨母寮的道地美味

再往前步，遇見了蟹殼黃酥餅。店家刻意強調沒有蟹黃，難道可素食？胡椒餅裡自然有味道香辛的胡椒，不過胡椒二字我總懷疑是否本來是「福州餅」的意思？還有一種「光餅」，據說是明朝打「倭寇」的戚繼光奉命入閩殲敵的軍糧，有點像西洋的甜甜圈，中間有個圓洞，可以掛在身上當乾糧，現在倒變成民間習俗小兒收涎的常備品。

偶而會在市場裡遇見「火燒蝦」，台南人在青鯤鯓一帶以其殼厚呼為「厚殼仔」，但這幾年火燒蝦減產許多，市場裡的「彩鳳肉圓」現在就不放蝦子了。

彩鳳肉圓旁的是「麵煎嗲」，即是一般所謂的麥仔煎。台灣的麥仔煎可能源自中國福建泉州，所以從泉州到金門稱為「滿煎糕」，在廣東的澳門、香港呼為「冷糕」。渡海來台後，又出現各種別稱，依不同縣市還分成南投的「三角餅」、彰化叫「麥煎餅」、宜蘭是「米糕煎」等。

靠近裕民街的湯家四神湯只靠一味，每天都就得用上二十副以上的豬腸內臟，是市場內的名店之一，創始人黃秀碧本來開麵店，後來經高人指點才轉型。

四神湯實應作「四臣湯」，但台語「臣」和「神」的發音相同，所以訛用慣了，鮮有人在意原來四臣是四種漢藥之名，即准山、蓮子、芡實和茯苓，屬漢方，其功效為利溼、健脾胃、固腎補肺、養心安神，增強免疫力等等。

在四神湯旁有攤炸蝦捲，是真材實料依傳統以網紗（豬腹膜）包餡。蝦捲的包法，有人用腐皮，有人用扁食麵皮，唯用網紗包，再沾麵衣，雖油卻是道地的老滋味。

在台南，幾乎每個市場都會有家老餅舖，「松香餅舖」創立人蘇江松出生於日治時代，幼時與日人學作麵包糕點，後來與兩位友人共同創業。本來在民族路基督教會附近開店，後

⊙ 湯家四神湯只靠這一味，每天就得用上二十副以上的豬腸內臟。

來友人退股，乃獨自經營。到了一九六〇年代，搬進鴨母寮市場，也取了店號。第二代的蘇富南從小在店裡幫忙，及至長成後，轉而製作壽桃、紅龜、紅圓等祭祀食品。除了這些古早味，他們家的包子特別好吃，麵皮口感綿密，內餡在絞肉裡還藏有鹹蛋黃，真正是吃了會續嘴，一嘴閣一嘴的美味啊！

國民滷味、松村燻之味和王記燻烤等也是偶而可以來買一包回家的美味，是三五好友飲酒對酌的好搭擋。

然而，要把鴨母寮市場的美食都找出來，當然不只我說的那幾攤而已，還有待經常去挖掘。鴨母寮市場聽說從前是我丈母娘生前最常去採買的所在之一，如今我也三不五時來逛逛，不知在天上的丈母娘看女婿，會不會越來越有趣？

魚夫拋拋走
影片帶路逛

水仙宮市場

如築地市場般
充滿山珍海味

TAI NAN

水仙宮周邊美食，很難一篇說完。
台南人的餐廳小吃等重要食材，
都在這裡進行初步處理；
除生食之外，許多熟食也值得一嚐。

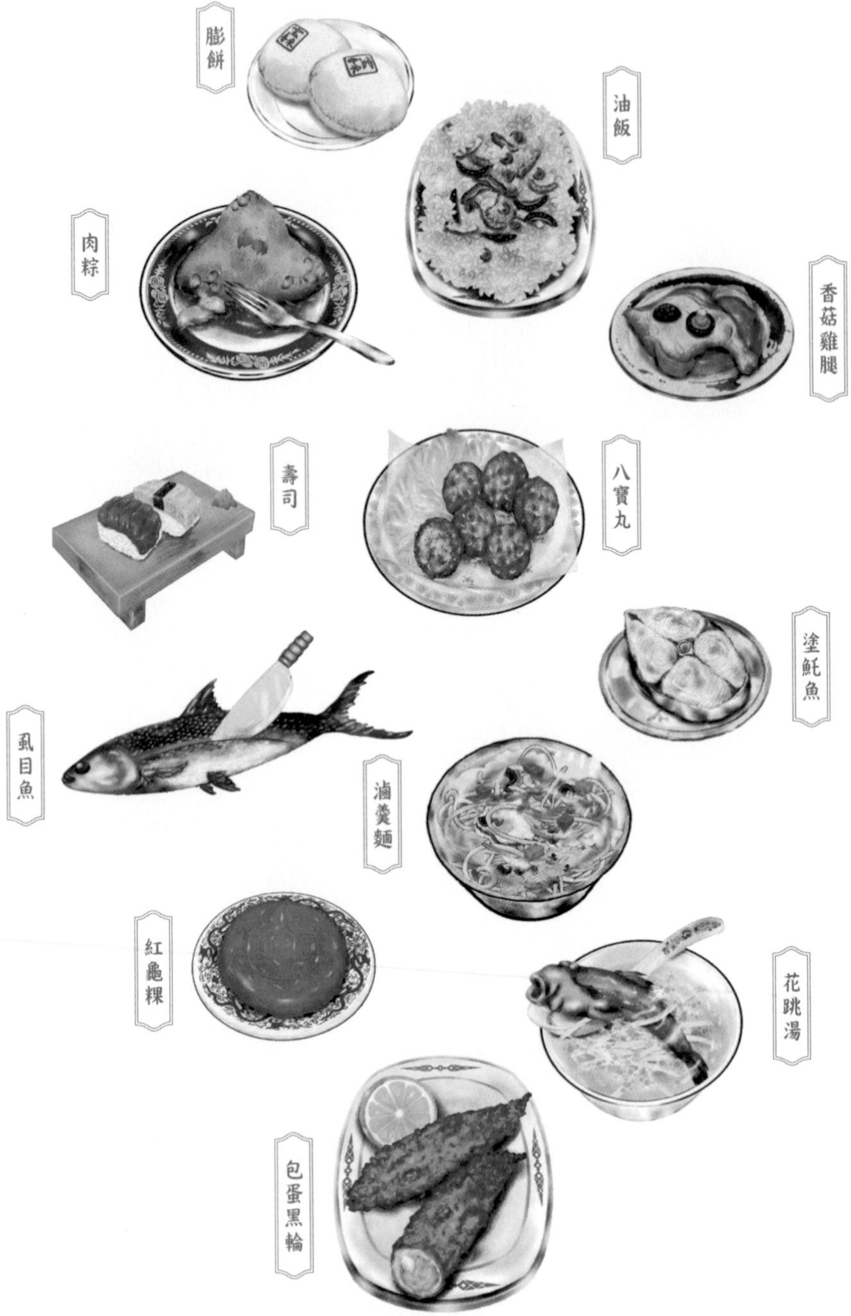
膨餅
油飯
肉粽
香菇雞腿
壽司
八寶丸
塗魠魚
虱目魚
滷羹麵
紅龜粿
花跳湯
包蛋黑輪

水仙宮市場在我來看，有如東京從前的築地市場，一大早到市場經常會遇見台南境內各地著名大餐廳委託計程車前來載送生鮮漁貨；不只大型漁貨如此，台南人的重要美食食材，也都在這裡進行初步處理；生食之外，許多熟食也值得一嚐。

台南的現代市場始建於一九〇五年，名為西市場，當時主要是日本人出入的市場，「本島人」市場則以東市場、水仙宮市場和鴨母寮市場為主。日、台市場的區別是因為飲食習慣與民情不同，日人都是黃昏市場，實際掌有經濟大權的女人為主要採買者；本島人則男性掌權，透早就在市場來回穿梭。

水仙宮市場位於今之台南中西區，從前是五條港的南勢港港道，商業活動頻仍，清代就有攤販聚集在水仙宮前形成市集。一九一八年，日人在此設置西市場永樂町分市場，簡稱永樂市場，到了一九三四年再度改建。戰後一九五九年在原地設立長樂市場，一九八五年發生火災，再度重建，啟用時改稱水仙宮市場。到了一九九三年，為了海安路拓寬工程又拆除了部分市場，縮小範圍。

一九六二年時，市府於水仙宮國華街側興建了連續性二層樓建物，名為「永樂市場」，可是這違反台南人的消費習慣，一樓交易熱絡，二樓則乏人問津。

其實水仙宮廟前廣場係屬廟產，許多攤商沒有納入編號，但藏有許多膾炙人口的美味。

便菜熟食好買也好吃

「麵條王海產麵」可以說是全台CP值最高的什錦麵，其中又肥又大的豬肝數片、大塊肉片數枚、花枝、魚丸、蔬菜、肉燥、滷蛋等盛滿一大碗。十年前一碗五十元，十年後只漲了十元。要怎麼找到這家隱藏版的麵店呢？很簡單，看哪裡有很多人正在排隊就對了。

其旁的「寶來香餅舖」是老字號福州祖先來的餅店，專作傳統台灣糕餅點心，諸如糖塔、壽桃、香蕉雪片糕、五彩糖柑仔、紅白綠軟糖、麵線塔、福壽龜、紅龜粿、膨餅等等，琳瑯滿目。不只如此，他們還將古早時代的五狩糖塔研發出來，以塔為軸心，圍繞了龍、鳳、獅、象，多了雞和鴨的稱作七狩。

「韓氏古早味油飯」是台南名店，除了傳統米糕外，肉燥芋粿、粉腸、蟳丸、三色蛋、蝦棗丸、糯米腸、旗魚魯丸、古早味天婦羅、韓氏彌月蛋糕等等，有一味將滷蛋滷製後，剝去蛋黃，只剩碎裂的蛋白，居然也很受歡迎。

廟前左右各有兩攤，背對著廟宇往前看，右邊這家賣的是滷羹、魚翅羹、網紗包的八寶丸、

⊙ 寶來香餅舖專賣傳統糕點，台南特有的膨餅也買得到。

八寶捲，也有金瓜炒米粉、豬血湯和砂鍋魚頭。有些日本朋友來，不知此攤賣者為何物？其實就是相當於日人所說的「お惣菜」（熟食），譬如買滷羹回家可以加麵，那就是碗台南正宗打滷麵了。

左邊這家的品相是土豆糖、鹽焗雞、米糕、芋粿、滷牛腩，偶而也會包肉粽來賣，滋味鮮美。

生鮮魚貨這裡處理到好

季節到的時候，來水仙宮選購塗魠魚，那可就是行家了。這魚的體型越大越好，選魚時，如果是一整尾的買，可就得仔細觀察，快要買賣時，漁販會提醒買家，這一刀「搧」下去，切開後就非買不可了。

塗魠魚肉屬於高度不飽和脂肪酸，氧化速度快，要搶鮮處理，所以常見當場要求環切包裝。從前我聽聞像澎湖人會將此魚環切後抹鹽製成一夜乾，使肉質濃縮而更加肥美，也有人以味噌醃漬，使其入味，上桌前先洗淨再來蒲燒的烹調方式，稱得上人間珍饈。

市場內阿賓賣的塗魠堅持只賣澎湖來的，這家原是三兄弟，二哥每日出海去釣魚，也和澎湖連繫密切，還在國華街開設了一家「水仙宮三兄弟魚湯店」。

如是要處理一夜干，那麼也有「阿男叔土魠達人」會用心處理。

虱目魚是台南人的重要食材，所以一大早就得將整尾虱目魚的魚肚搧下來分開出售，而其他部份大都得去魚刺。市場裡有幾家專門在處理這些繁瑣工作，如果有外地或外國朋友來，如此用心處理食材的職人精神，就是大家常帶來參觀的原因。

台南人愛吃的鱔魚、紅蟳、花跳等等，都可以在水仙宮裡發現上等的食材，不過一分錢一分貨，講價要靠交情了。

當然這裡也有像築地市場的外場那樣可以選擇食壽司。有家「達也濱家漁場」便提供了日式服務，如果想學日本人站著吃，也有「立呑區」。

炸物滷味在水仙宮也不少，如「一鼎燒烤」裡有味噌雞腿、滷封肉、大腸頭等，也有香甜可口的東港旗魚黑輪，令人越吃越續嘴。

水仙宮的美食，早已有人乾脆寫成一本書來解說，所以很難一篇說完，但有則傳奇不可不寫。有一家「福味珍手作魚丸」，這店的各式丸子和炸物我都喜歡，偶而和老闆對話，卻發現談吐不俗，後來才知道店老闆石念祖原來是位漁業生物學博士！

原來這水仙宮裡不但山珍海味，還臥虎藏龍哦！

⊙ 台南人愛吃的花跳，也可以在水仙宮市場找到。

國華街美食不容錯過

既然介紹了水仙宮市場，則緊臨的國華街不可錯過，一般人從水仙宮市場走著走著就踩到國華街上去了。有一回在市府舉辦的導覽活動裡，我乾脆以國華街為主題，居然吸引許多人報名參加，現在就隨我來去走一回吧！

國華街從民族路往西南延伸到民生路一段，本來是台南在地人的美食街，近年來常常被日本雜誌拍來當封面，諸如《BRUTUS》、《Magazine for City Boys》等等，好不熱鬧。日本友人說可能是因為日本人喜歡一種所謂「下町」文化，也就是早期江戶庶民聚居的區域，至今仍有許多美食、居酒屋，可以喝著Hoppy酒，享受其樂無窮的氛圍。

往南踩進國華街，右手邊就有「杜馬青草茶」。這家青草茶配方，我和老闆混熟後得其祕笈，原來內含珠仔草、年仔草、鳳尾草、火路草、卜（薄）荷、黃花蜜草、白鶴靈芝等熗三小時以上。我通常在食過美味後，便來此喝上一杯，帶一大罐回家，在台南可以獲得免去喝便利商店化學調製罐裝飲料的自由。

對街有家「楊哥楊桃湯」。台南的楊桃湯很流行，通常是用乾淨的RO逆滲透水來製作，楊桃的品質亦較講究。

左方有家「金得春捲」。現在在台南吃潤餅已與節氣無關，這家天天大排長龍。我仔細觀察了內餡，算來大概有香菜、花生糖、皇帝豆、豆干、高麗菜、蒜泥、蛋

豆花
米糕
玉米
砂鍋魚頭
鴨肉飯
刈包
青草茶
香菇飯湯
蚵仔煎
肉圓
牛肉湯
春捲
炒鱔魚
紅燒塗魠魚羹
碗粿

絲、蝦仁、肉片等，其中以包入皇帝豆最具特色，其外皮有三張，一方二圓，包好後，接口處還得稍微煎過才會牢。

刈包在國華街至少有兩家，一家是「阿松刈包」，另一家是「包財刈包」。阿松家的先人從福州渡海來台，所以口味比較傳統；包財則想從古早味中變出一些適合年輕人的口味來，兩家都好吃。

「富盛號」碗粿和斜對街的「一味品」師出同門，是親戚分家各做各的。富盛號多的是觀光客，但一味品的在地熟客不少。一則有趣的故事是，二〇〇四年的三月十九日，陳水扁總統遭人槍擊，當時他站在競選宣傳車上向民眾揮手致意，而總統府侍衛長就站在他旁邊打電話，當天即刻有所謂的名嘴一口咬定這通電話是在連絡演槍擊假戲的兇手。八年後通聯記錄曝光，原來是打給富盛號要訂碗粿，說總統遊行後要享用這款美味，證諸於店家果然如此。當年被名嘴說得人心惶惶，如今真相大白，真是令人啼笑皆非！

上過媒體的除了碗粿名店之外，「好味紅燒土魠魚羹」也曾被美國《華爾街日報》在飲食版裡報導。雖然轟動一時，但沒什麼更進一步的宣傳，儘管下港有名聲，但離頂港也出名還有段距

⊙「好味紅燒土魠魚羹」曾被新聞報導過，也算是下港有名聲。

離，不過近年來老闆兩位美貌的千金開始站攤，應該可以用「驚豔」來形容。

雲嘉南的水庫多，草魚也多，所以砂鍋魚頭在嘉義很出名，而國華街這家「科芬園砂鍋魚頭專賣店」滋味亦不遑相讓。外帶一大包回家，裡頭除魚頭外，尚有大白菜、豆皮、魚丸、紅蘿蔔、黑木耳、金針花、凍豆腐、肉片、蛋酥與筍干等，很是豐沛。

各色小吃從鹹的吃到甜的

北部的蚵仔煎放的蚵仔少，台南的蚵仔煎則是蚵仔多到要添肉燥才能壓腥。「石精臼蚵仔煎」便是如此，店中傳承自日本時代的香菇飯湯至今還有，這種古早味很難找了。

「亞德當歸鴨」創立於一九八八年，是國華街上相對較年輕的店，不過當歸鴨遵古法製作，不管是當歸鴨肉湯或鴨肉飯，都非常膾炙人口。

牛肉湯當然也有，國華街的牛肉湯店家越來越多，「石精臼」、「阿村」、「潘家」都是。近年來的網紅店家是「阿村」，阿村是台南賣牛肉湯的開基祖，這家是他的女兒在經營。

米糕、四神（應作四臣）湯的搭配，在台南已是不成文的規定，而且一定要用小碗裝，「永樂米糕四神湯」便是如此，外帶時還有傳統的粽葉包裝。

「春蚵嗲」本來只賣蚵嗲一味，後來隔壁賣肉圓的老闆年紀大了，便將技術和器具賣出來，所以阿春便多了肉圓一味。這家子的姊妹都長得很標緻，足稱蚵嗲或肉圓西施了。

小卷米粉是台南人的創作料理，國華街前後有三家，如果要食The very first元祖那家，就要到國華街二段的「葉家小卷米粉」，那也是大導演李安、李岡兄弟的最愛。

「福昇小食」的炒鱔魚，其實要內行的才知道。現在鱔魚大都是進口貨，主要來自南洋和中國，南洋的較軟，中國的較脆，但福昇宣稱他們的炒鱔魚食來香脆，是正港台灣國產的。

「修安素食」和「修安豆花」是同家族的人，豆花要好吃，觀察其表面有氣孔，光滑如白玉凝脂者為極品。老台南人在品嚐過這家的豆花，都說：「對了，這就是我小時候吃的味道。」

滷麵在國華街上分別是「老鼎」、「阿婆」和「阿娟」三家。我和阿娟較熟，那是因為他們也賣肉粽和每日不同的鹹粥，樣樣都令人稱頌不已。

水仙宮三兄弟的鮮魚湯是每回有貴客駕臨

⊙ 福昇小食的炒鱔魚口感香脆，號稱使用台灣鱔魚。

台南，一大早我都會挖他們起床前往品嚐。這家每日早午現釣兩回，都是現流的生猛海鮮，吃過早餐後，當然神清氣爽，精氣十足。對面賣的玉米即所謂的珍珠玉米，食來彈牙，如果轉個彎，穿進宮後街，快到西門路口，還有每日手作的愛玉等著您呢。

國華街的美食當然還很多，大抵隨便一家店走進去，鮮少會踩到地雷，如來回穿梭吃完一輪，大概至少得花上一禮拜的時間吧？

魚夫拋拋走
影片帶路逛

岡山平安市場

阿公店舊市，岡山小食的搖籃

KAO HSIUNG

許多岡山的美味小食
都是從這個舊市場衍生擴散開來。
岡山有三寶，豆瓣醬、蜂蜜和羊肉，
其中最具盛名的豆瓣醬和羊肉，
都是從舊市設攤伊始的。

豆瓣醬
涼麵
一口包
綠豆湯
阿三麵
豬肝捲
牛肉麵
羊肉爐

現在的岡山「平安市場」在日治時期稱為「阿公店市場」，在地人一般慣稱為「舊市」。有位在地文史工作者劉天賦稱舊市為岡山小食的搖籃，誠哉斯言！

一九一〇年，阿公店（岡山）設立公有市場，一九二〇年，日本政府將阿公店改制為高雄州岡山郡岡山庄，從此以後，阿公店市場改稱「岡山市場」，戰後更名為「平安市場」。

岡山人有句話說：「橋頭胡蠅（蒼蠅）岡山蠓（蚊子）。」意思是隔壁庄的橋頭有糖廠，所以連空氣都是甜的，引來蒼蠅滿天飛；而岡山的美食多，煮食造成汙水排放量大，排水溝易滋生蚊蟲，自然常被蚊子叮得哇哇叫了。

岡山三寶從羊肉爐吃起

雖然現在平安市場已漸沒落，實則許多岡山美味小食都是從這個舊市場衍生出來的。岡山有三寶，豆瓣醬、蜂蜜和羊肉，其中豆瓣醬和羊肉都是從舊市設攤伊始的。

岡山羊肉聞名全台，到了岡山也到處都是羊肉店。根據深入研究岡山羊肉文化的文史工作者鄭水

⊙ 岡山羊肉爐聞名全台，日治時期就到處都有羊肉店。

萍分析，如今岡山的「新」字號羊肉店如大新、一新、順新、尚新等店，都是從日治時期開賣的。最早由後紅地區的余家班余壯創辦。余壯與林錦、林水來三人合夥初始是沒有招牌的，只是一個簡單的羊肉攤，之後薪傳三代，慢慢淤開來。

岡山的豆瓣醬分川味和台味兩種，後來是台味的「梁記」梁功成的兒子梁顯祥說服羊肉業者將沾醬改用豆瓣醬，果然「四配」！從此到岡山食羊肉沾豆瓣醬，似乎成了天作地合的事，而梁記豆瓣醬也是從舊市今「堂伯豬肝捲」北面的「民警同志」雜貨店起家的。

堂伯豬肝捲的名聲透京城，歷史超過八十年。創辦人吳滿堂是在地人，一九三七年日人為了消除阿公店水患與整頓市容，拆除壽天宮，只好遷移到平安市場內，每天清早六點半一開店就門庭若市，生意還是沖沖滾。自一九七六年起專心只賣豬肝捲、紅麴粉腸、豬肺、豬皮、炸豆腐、米粉和麵羹等，並以豬肝捲為看板，頗受歡迎。

市場周邊更多老岡山味

平安市場不遠處有目前岡山最大的文賢市場，這市場建於一九五六年，於二〇〇二年改建呈現全新風貌。市場內本來有家無名豬血湯碗粿，現已遷出改在維仁路以「黃家古早味美食」為店名繼續營業。這家古早味大概是岡山最早的豬血湯，創始人黃抄力本是豬肉販，後來習得製作豬血的技術，所以在一九二八年日治時期，和哥哥二人合力挑擔沿街呼賣豬血湯，可以說是岡山第一家豬血湯了。

文賢市場蓋好，黃富太從父親手上接下豬血湯生意，加多販賣品相，一九七三年加賣炒米粉和炒麵，一九九三年加賣碗粿，二〇一三年把維仁路的老家改裝成店面繼續營業，口味頗富古意。

維新路上賣肉圓者不少，維新路十七號的無名肉圓，賣的是台南式的炊蒸肉圓，而維新與維仁路口的「惠興肉圓」則是將蒸過的肉圓放涼再油煎，都是很受歡迎的排隊店。

維新路二十八號的「周記一口包」也是人氣店，約於一九七八年創建，老闆周黃又二十八歲出道。這家的小籠包皮薄餡滿，一口食來嘟嘟好。為了選擇多，還另有肉羹、麻婆豆腐等，至於這樣的組合是怎麼發生的，乃不得而知。

飲食作家逯耀東教授曾在《飲食》雜誌創刊號上信誓旦旦的說：「川味紅燒牛肉麵是岡山的空軍眷村裡發明出來的，用的就是豆瓣醬來炕湯頭，然後才風行台北，廣及全台。」是耶？非耶？不得而知，不過我聽在地食食通說，岡山眾

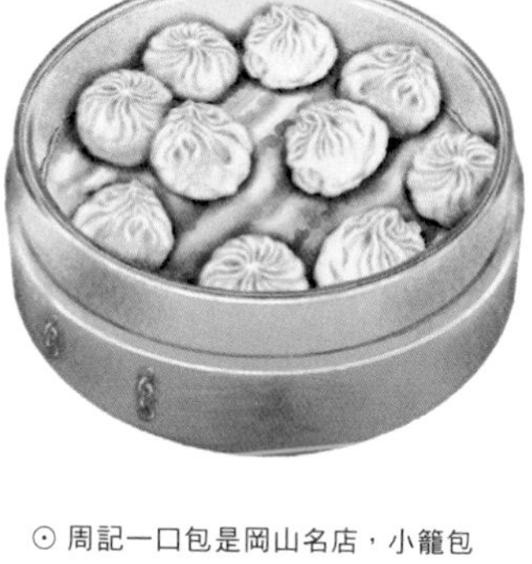

⊙ 周記一口包是岡山名店，小籠包皮薄餡滿，一口嘟嘟好。

多豆瓣醬品牌中的「地球牌」，因鮮、香、辣一應俱全，尤其適合熬煮紅燒牛肉麵。

「公園豬腳麵／牛肉麵」是由劉家所經營，於一九六二年創立，四川人劉澤綿隨國民黨軍隊來台，本在岡山憲兵連擔任憲兵，隊址即現在的岡山圖書館。他有一身好手藝，後又和軍中伙伕學習，一開店就試著賣豬腳和牛肉麵，果然一炮而紅，一九七二年搬至現址，現由其妻接手。

岡山因為眷村多，川味的涼麵自不會缺席。有家「周Q涼麵」，光看調理台上的各式醬料就知道很道地。這家本來在欣欣市場經營十八年，原本招牌是「周家涼麵」，後來搬至岡山國小對面，改名為「周Q涼麵」，和一般店號區隔開來。

涼麵的鄰居有家「王綠豆」，一九六六年開業，創始人為王忠，是許多老岡山人共同的青春記憶。一九八二年傳給兒子王泰全接手，當地的朋友帶我去食涼麵，搭配綠豆汁也是消暑的好選擇。

當然，岡山區很大，老店也不少，諸如阿三麵、大胖鵝肉、岡山男青草茶、新美冰菓室、小洞天燒餅和家鄉碳烤雞排等，快快筆記裝入口袋，有空就去見學一番，一定可以成為岡山食食通啊！

魚夫拋拋走
影片帶路逛

鼓山市場

高雄第一個現代化的湊町市場

KAO HSIUNG

從打狗港造就出繁盛的哈瑪星，
當時曾是最現代化的湊町市場。
湊町地區走到現今無復當年榮景，
傳統市場的風光比之當年，早已落寞許多。

日治時期位於打狗濱線的湊町市場，即為今日之高雄市鼓山第一公有市場。日本漢字的「湊」（みなと）即是港、碼頭的意思，而當地台灣人則習慣稱之為「哈瑪星菜市仔」。

「哈瑪星」這個語彙則是從「濱線」（はません，讀作hamasen）的日文發音轉借而來，而濱線指的是日治時代在一九〇四年到一九〇七年之間，總督府鐵道部為了強化港埠交通，填海造陸，建立的高雄港站至碼頭貨物倉庫間的縱貫線鐵道支線，後來也泛稱高雄港站以西至渡船頭一帶區域。

其實打狗港在荷治時期為一漁港，到了清國時代，由於台南鹿耳門的港道淤積，逐漸難以停靠船隻，於是大陸來台的船隻轉往打狗港。一八五八年的天津條約與一八六〇年的北京條約中，列強逐步逼迫清帝國開放港口，台灣因地處大陸清國、日本和南洋間的交通樞紐而被迫開港，包含台南安平、淡水、雞籠和打狗等港口，這些原本的漁港轉而成為國際貿易的重要商港。

打狗港自一八六三年正式開港後，成為清帝國的重要米、糖出口大港，不過清國時期卻因各種問題導致築港計畫受阻，加上港口沙洲潟湖欠缺疏濬，使得停靠打狗港的船隻越來越少，竟有沒落之虞。

重新被重視的打狗港

日本統治台灣後，深知打狗港的地位重要，此時出現了一位重要人物，就是從小立志從商的淺野總一郎。

淺野在明治維新時期崛起，以水泥業為主，旗下企業橫跨航運、鋼鐵、教育等，日漸茁壯，成為著名的「淺野財閥」。在他的人生過程中，最重要的是他認識了澀澤榮一。澀澤榮一有「日本資本主義之父」之稱，淺野總一郎不但受到他的恩惠，也同時受到日本四大財閥之一的安田善次郎的賞識與資金挹注，於一八九六年成立「東洋汽船」。他出訪歐美考察時，深受這些先進國家的港灣建設震撼，在這之前，他即聽聞台灣打狗山（今壽山）藏有大量石灰石可製造水泥，返國後，即開始蒐購打狗山一帶的土地，一八九八年又在澀澤與安田的支持下，成立「合資會社淺野水泥」。

淺野早在基隆築港時，就向總督府提出打狗填海造陸的的必要性，但被拒絕，直到一九〇八年，淺野再申請填海造陸的許可，這回獲得允許，大興土木，於一九一二年完成了約九萬坪的填海地。

這填海地中約六萬五千坪，造為新興市街，日本人將此地列為「湊町」、「新濱町」等行政區，也就是如今大家所熟悉的濱線（哈瑪星）地區。

這裡當時可是打狗最先進的地區，有整齊的街道，還有最先進的自來水、電力、電燈和電話等，區內有現代化的新式碼頭、鐵路、停車場（火車站），為南台灣海陸交通最重要的大鎮。

海埔地造就出的現代化市場

一九一二年七月，湊町市場建成，佔地一萬兩千多坪，外型為一字型建物，和洋混搭風格，連結的兩座屋頂挑高，以利熱氣疏散。其上切平最頂的尖三角，這種式樣稱為「背心式屋頂」（Jerkinhead Roof），遠望有如身著背心。屋頂上裝置空氣對流的抽風機，市場裡設有管理人員，物品擺設井然有序，衛生條件極佳，是一座有別於傳統市場且造型優美的現代化市場，非常受到歡迎。

可惜戰後政府對此疏於管理，最終難逃拆除重建的命運。此處現今改建為鼓山第一公有零售市場，改建後的一樓為傳統零售市場，三樓為老人活動中心，四樓為高雄市立圖書館南鼓山分館。

改建後的鼓山市場隨時代變化，哈瑪星也無復當年盛景。加上現今賣場形式的消費競爭等等，傳統市場更顯得欲振乏力。這裡曾經是台灣最現代化的市場，但是氣氛早已落寞許多。

魚夫抛抛走
影片帶路逛

鼓山魚市場

期待再現風華的百年傳統魚市

KAO HSIUNG

百年魚市場起死回生前，
許多人來這裡只是坐渡輪、吃吃冰，
現在開始看到了商機，
過去販售漁具、漁船零件等的老街，
不知道是否會形成一條新市集？

烤黑輪

米糕

大碗公冰

年輕時住在高雄，經常從鼓山渡輪站搭船到旗津去玩，渡輪是可以連人帶機車一起上船的。後來到電視台工作，也曾率攝影團隊去錄製節目，有趣的是，渡輪搭來搭去，就是完全沒有鼓山魚市場的印象，也無畫面呈現出來，現在回想起來，原來百年的魚市場在那時期幾已荒廢。

一度號稱全台最美的魚市場

高雄最早稱為「打狗」，當時和舊稱旗後的旗津都是南台灣重要漁業重心之一。日治時期填海造陸形成新市鎮，一九一二年第一期築港工程完成，開始建置「哨船頭船溜」（即「哨船頭漁港」）。為了漁業買賣，乃於鄰近運河東岸的湊町興築「湊町魚市場」。魚市場當時地址是湊町四丁目二十三番地，大約是今之濱海二路與鼓南街口。

哈瑪星就此成為漁業重鎮，但隨著漁船捕撈技術的進步，一九二八年再度修築高雄漁港，即鼓山漁港。一九二九年將魚市場遷移至新濱町，就是現在的鼓山魚市場。

戰爭期間，鼓山魚市場沒被戰火波及，倒是因為一九六三年政府另闢前鎮為遠洋漁港，一九八四年高雄市漁會遷往前鎮，一九八六年前鎮漁港擴建新式碼頭，鼓山魚市場竟乏人問津，淪落到關閉營運。然而幾經更迭，前後歷史演變時間加總起來，這魚市場竟也超過百年歷史了。

這個早先曾經人來人往的魚市場，其實在二〇二一年高雄市政府啟動了改造計畫，將本來的第一拍賣場整建為高雄農漁精品展售中心，並開闢了美食區，將渡輪、海景一併收入重新整建的範圍。當時委請建築師趙建銘全新規劃，以兩百七十度的玻璃盒子為概念，變化出通透的空間，戶外則由設計師吳書原依據海港氣候佈局，成為「流動浮島」的港邊花園，完工後甚至贏得「最美魚市場」之稱號。也因為魚市場的改建，所以連帶鼓山輪渡站的新候船室也重新規劃，採人車分離的設計。

魚市場變身改造後，一度湧現人潮，之後又因營運不利，決定重新整理再出發。然而魚市場的休息，無礙於市場旁的濱海一路老街成就為美食一條街，好大一碗公冰是鼓山、旗津的特色冰品，每家店說故事的能力都很強。

市場旁的美食一條街

「海之冰」是當年我做電視旅遊節目時，特別來拍攝

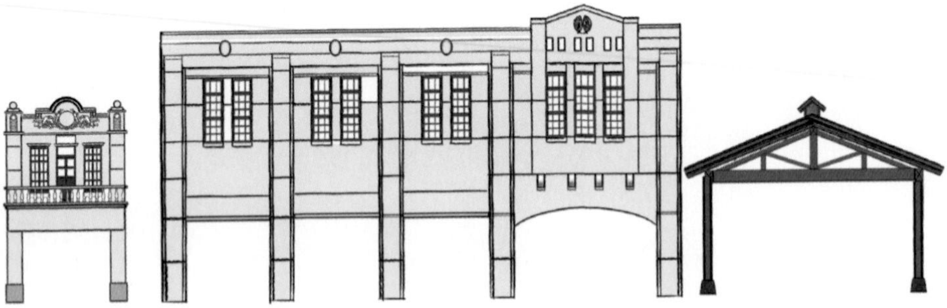

的冰店，開設於一九九〇年，聽說是大碗公冰的開基祖。原是附近中山大學海資系學生打完球都會來這家店吃冰，起先由於份量少，學生要求加一點、再大碗一點，之後就越來越大碗，大到只好用大碗公來盛。因為是海資系學生的最愛，就給了「海資冰」的名字，演變至今乃以「海之冰」聞名於世。有趣的是，海之冰的食材頗為偏好台南農產品，諸如七股哈蜜瓜和玉井芒果，但高雄在地的也有旗山香蕉和燕巢紅芭樂。

最靠近魚市場的「大碗公冰」冰店也有自己的品牌故事。其官網上說：「大碗公成立於一九九五年，大碗公創始店現址曾經是製冰廠，隔壁為高雄漁市場，臨高雄港，在一九七〇到八〇年代此處極為繁盛，每日均有百艘以上的船隻靠港卸貨，補給及休息，因當時船工收入微薄，炎夏想吃冰，為了節省開支，就拿著碗公或鋁盆至街上商家購買配料回去加上冰、糖水，調配成一大碗公可消暑又可當點心的佳餚，此舉在當時極為普遍及流行。大碗公ㄘㄨㄚˋ冰的創立即是傳承此一做法。……」故事講得不錯，不過ㄘㄨㄚˋ冰的ㄘㄨㄚˋ，不必大費周章注音，台語漢字為「礤」。

烤黑輪也是高雄特色小吃。「黑輪」一詞由來可溯源自日本的「天婦羅」。在日本鹿兒島縣有一種與天婦羅相近的食物，內餡係切碎的蔬菜或海鮮等，外層則裹上魚漿的「薩摩炸魚餅」。日本時代，鹿兒島離台灣最近，九州薩摩藩人來台最多，所以薩摩炸魚餅隨著傳進台灣，不過同時也把鹿兒島腔帶了進來，把「御田」（おでん，即關東煮）的發音變成台語發音的「黑輪」。

「漁塘黑輪」是濱海一路上最有人氣的店家之一，名字來源是養了很多魚的池塘，所以能作魚漿黑輪之意。此外也有台灣人慣稱的「甜不辣」、「竹輪」等名稱，但這些早已不是日本時代的模樣，而是道地的台灣庶民食物了。

「萬全米糕肉圓」是排隊名店，晚去就吃不到。這家賣的是台南常見碗裝米糕和粉蒸肉圓，據說這家店最早是推著小攤子沿街呼賣，有一回在現址發現一個水龍頭，便停下來裝水準備食材，水沒裝完，背後居然大排長龍，於是決定長駐下來，不再流動了。二十年後，兒子決意承接父母的店，便把店面買了下來長期經營。

人潮回流，便讓人能鼓足勇氣開起店來，最近足甘心的一個發現就是有人自掏腰包把魚市場旁的老房子修復，開起一家「妃食不可」的店，販售輕食、宵夜與飲料等，店面明亮寬敞，應該可以吸引年輕人前來交關吧？

百年魚市場起死回生前，許多人來到這裡，不過就是坐渡輪去旗津或其他地方，頂多停留下來吃吃冰，現在開始看到了商機，過去販售漁具、漁船零件等的濱海一路老街，不知道是否會形成一條新市集，重現風華呢？

魚夫拋拋走
影片帶路逛

南北館市場

市場內外滿滿
地方特色菜

YI LAN

具百年歷史的南北館市場，
古早時代就有許多家「麵店仔」，
備有各式切仔物、炒麵、米粉，熱炒等。
時至今日，若要找尋道地蘭陽特色小吃，
不妨也從這裡開始。

炸醬麵
扁食湯
西魯肉
鴨賞
鯊魚煙
蘭陽粉腸

日人進入宜蘭，一八九八年即在宜蘭舊城內媽祖宮（今昭應宮）前設置專門菜市場，並開始取締流動攤販，但由於媽祖宮的場地太小，地方士紳與店鋪主等進一步爭取在西門城的城隍廟右邊興建新市場，於一八九九年元月峻工，建坪九十六坪。

根據《順風年代：宜蘭北館市場及原MARU圳魚號家族》作者游基倉研究指出：城隍廟邊市場有三大座，共計二十二棟以杉木為支撐的茅草屋，前面一列為魚攤區，中間一列為肉攤區，後面一列則是米市，蔬果食料在戶外空地以布搭篷販賣。

茅草、杉木的結構無法持久，日本政府在二十世紀初大興土木，全台興建現代市場，一九一一年時，宜蘭舊有市場均已歷經十年漸不堪使用，乃擬議遷建到南門四結仔街，就大約是今天南、北館市場範圍。是年開工，翌年元月二十四日落成。

新市場有個新名字為「宜蘭公設食料品小賣市場」。從舊照判斷，市場規模總佔地面積約三千坪，建築總面積為二八一坪，平面呈工字型，係磚造一層的構造。中央量體佔地二十二坪有大圓頂，為一新古典主義式風格，兩翼為日式木造建築，各佔六坪，一為事務所，另有一棟飲食店，佔地四十四坪。

新市場開張後，根據《國家文化資料庫》的記錄：「宜蘭市場於一九一二（明治四十五年）一月二十四日啟用，當時的市場環境整齊清潔，交通便利，吸引各類型的攤商進駐營業。……一九三六（昭和十一年）公設宜蘭街小賣市場年營收為台灣北部公設市場年營收的第二名，第一名是台北市公設永樂町（大稻埕）市場。一九三七

（昭和十二年）宜蘭街仕紳開始推動宜蘭街升格為宜蘭市，都市的景觀也開始改變，宜蘭火車站前的道路（今光復路）拓寬為二十二米，拆除了宜蘭市場工字型建築的中央棟。原來市場的北棟與南棟建築被保留，另在原北棟旁空地新建宜蘭街新市場，也就是現今的北館市場，於一九三九（昭和十四）年三月三十一日開始營業。」

這段文字居然到日本時代結束戛然而止，實則南北館市場從一九一二年開張後，大致歷經三階段發展，一九三九年的改建是第二階段，而第三階段則是一九七九年的六月一日，南館市場改建大樓，一、二樓本來打算規劃為綜合性市場，不過由於設計上缺乏傳統市場的流動性，幾無店家營業，許多商家反而

只聚集在一樓的騎樓及街道上。

市場現在正式的名稱，北館被稱為「第一公有零售市場」，南館則為「第二公有零售市場」，但南北館市場仍是宜蘭人的慣稱，也是尋找宜蘭市美食的最佳去處。

北館市場為在地美食聚集處

北館市場正式開幕營運時間為一九一二年，已有百年歷史。古早時代市場內有許多家「麵店仔」，大約集中在康樂路一三七巷內，備有切仔物、炒麵、米粉，熱炒和下水湯等，根據《順風年代》書中形容，當時這麵店仔在一九六〇至七〇年代，可以在這些地方發現泰雅族紋面婦女與她們的族人蹤影，通常他們會趁假日與節慶期間下山販售山產，並選購漢人的日用品，買賣完成後，因為返回部落的路程遙遠，所以就留下來聚集在麵店仔喝酒用餐。

游基昌的回憶說：「他們都用我聽不懂的原住民語交談，但是紋面的婦女會用微笑跟路人打招呼，小時候我對泰雅族紋面婦女的印象就是非常善良，泰雅男士就是勇士樣貌，泰雅族男士們喝醉了會靠坐在巷道內一直對路人微笑，用特別腔調的閩南語跟過路人打招呼……」

這段文字和我幼年生活有些片段是非常相像的。先父因任職警界，職務經常調動，我孩提時期乃隨父親舉家遷徙，因為被調往山間派出所的日子較多，乃和原住民來往頻繁，只是年紀尚小，不曾喝酒交手，倒是父親因係「警察大人」，所以常有珍貴山產享用，凡此種種和看見泰雅族人在麵店仔飲酒作樂的情景，也有幾分相似。

當時宜蘭市康樂路的一三七巷有諸如大胖炎麵店仔、天送仔麵店、紅毛土仔麵店（後來的「三源臘味行」）等，而今之「四海居」約於一九二〇年代由第一代外號「雞母生」的老頭家創業，這家店至今傳承三代，現由余茂昌夫婦共同經營。

這裡著名的美食除「三源臘味行」的臘味肉鬆之外，還有「一香扁食」和「什菜麵」，都是北館市場知名店舖，生意總是大排長龍。

利用高湯創作出特色地方菜

凡是來到宜蘭南館市場者，大抵都會到四海居一嚐他們的那味美食「西魯肉」。西魯肉有別於白菜滷，後者並無蛋酥或羍羹，傳說是早期在宜蘭辦桌時都有一味萬用高湯，滷製肉魚雞鴨，宴會結束後，倒掉滿滿肉味的湯汁可惜，於是帶回家添入蛋酥來吸取其精華，「西魯」二字推斷可能就是借用日語「汁」（しる）而來。早期肉類價格高，無肉而以帶肉味的滷汁來替代，可以說是早期農村社會節儉成性的一種飲食美德了。

同樣利用留存高湯再度來創作的宜蘭名菜者，糕渣是也。將雞肉、豬肉和蝦仁等剁成泥狀，並羼以蕃薯粉等煮成稠狀，待冷卻之後凝結成塊，再切丁裹粉進鍋油炸，外表看來似是冷食，送進嘴裡會爆漿，不小心便容易燙著舌頭。宜蘭人常用這糕渣來形容當地人「外冷內熱」的性格，另有一道「芋泥」亦是異曲同工。

小吃是基層的庶民食物，許多用字並不遵照正確用字，在宜蘭特色菜裡，比如說卜肉，卜（Phok）字是因肉條下油鍋發出「卜、卜、卜」的聲響，其實是「爆肉」，為省下筆劃，便以卜字行世。

再如鴨賞，實應作「鴨鮝」，「鮝」這漢字有雙重意義，一是指剖開曬乾的魚，如鮝魚、鰻鮝；另一則是泛指成片的醃臘食品。《紅樓夢》裡有一道名菜叫「茄鮝」，即是把茄子切絲曬乾後，用果仁雞丁來炒，據說其味甚美。

⊙鴨賞實應寫作「鴨鮝」，也是宜蘭特色美食之一。

粉腸和鯊魚煙都是特色小菜

而長得像香腸的粉腸，按教育部《臺灣閩南語常用詞辭典》的解釋：「一種食品。以甘藷粉、肉丁、筍丁摻合灌入豬腸而成，亦可加入色素調色。」臺語台羅拼音標音為hún-tshiâng，或以注音標為「ㄑㄧㄤˊ」，新竹人便借了「粉砻」二字來使用；在南部有人寫成「粉錢」，以免和純豬腸「粉腸仔」混淆。

宜蘭的粉腸不管在外型或內容都與其他縣市不同，外型是保留了豬腸外的一層薄膜，由於添入地瓜粉，顏色較深，口感較臬，可以呼之為「蘭陽粉腸」。

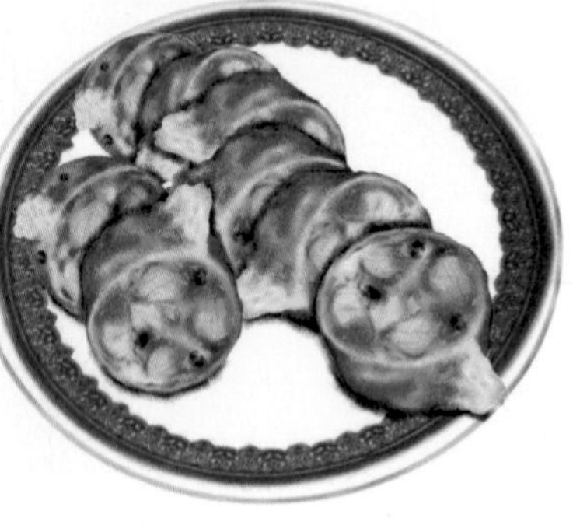

⊙ 蘭陽粉腸外型和內容都與其他地方的粉腸不同，顏色較深，口感較臬。

有人反對食鯊魚煙，喊得震天價響，這種料理是取鯊魚的腹肉，浸泡食鹽水及調味醬料後風乾，再來蒸煮又風乾，然後進行煙燻的程序。傳統的方式是在鐵鍋內先鋪好一層甘蔗或茶葉等，再架上竹筴（或鐵網架），然後將魚肉平擺其上，鍋熱保持在攝氏五十到八十度，文火燜在鍋中讓糖和茶葉的水蒸氣燻上十至二十分鐘，這樣就能讓魚肉呈現出金黃色的光澤，並產生煙燻風味，另一方面也可去除鯊魚體內尿素的那種阿摩尼亞味。

鯊魚煙到底可不可以食用？學界和環保人士宣稱鯊魚煙用的是鯨鯊或路易氏雙髻鯊。鯨鯊又名鯨鮫、豆腐鯊、大憨鯊，台語說憨仔鯊，和路易氏雙髻鯊都是瀕臨絕種的動物，漁業署明令禁捕，但早期確實是用鯨鯊，如今因明令禁止，漁民與業者發現水鯊腹肉的口感與鯨鯊相同，而水鯊不在保育範圍內，從此到鯊魚煙攤頭問老闆食材的來源，標準答案就是水鯊了。宜蘭則幾乎到處都有將鯊魚煙當小菜，率皆在市場或店家附近製作，像四海居這種餐廳自然也有，幾味宜蘭特色菜都是常備。

在美術館的左側南興街，係從北館擴散出去的，如今鬧熱滾滾，商家櫛比鱗次，小吃美食林立。宜蘭常見的肉羹、魚丸，乃至山東口味的蔥油餅都很受在地食通的歡迎。我在這裡遇見了宜蘭人的「扁食」發音也非常奇特。

扁食一般唸成pián-sit，但在宜蘭大部份聽到的是Pán-sit，扁的讀音有點像台語的「板」字。這唸法我曾在中國漳州的漳浦聽過。依我的觀察，扁食在中國閩南分山、海兩種做法，近山的豬肉內餡用「捶」的，靠海卻是「剁」的，可也不那麼涇渭分明，我到離海不遠的漳浦吃到的就是用捶的，食來頗富嚼勁，咱台灣則是以剁餡居多，剁餡則需仔細挑筋去骨，方能滑嫩爽口。

蘭陽本來盛產米穀，欲食米製品如魚丸米粉等，到處皆有，品相並不止此一端，亦有諸如米粉羹、米粉炊、粿仔湯和九層炊等等米食製品。九層炊又稱「掀粿」，那是因為製作時鹹甜顏色交錯，一層層可分別掀起的緣故。

不只品相多，宜蘭和羅東隔著一條宜蘭河，對米粉羹的要求口感亦大不同，大抵宜蘭市人愛吃中條米粉，羅東人愛食細條，並取小魚乾提味，菜頭絲上色，如果在米粉羹再羼入點「魚粿」（甜不辣），滋味便更上層樓了。

宜蘭麵小史

在台灣，鹿港腔保留了較為完整的泉州腔，宜蘭腔即是漳州口音，這兩地我都去過，大致可以印證，所以宜蘭的許多傳統食物應也和漳州飲食文化有關。有趣的是，麵食文化的傳入，我反而在游基倉的《順風年代》一書裡，看到較完整的結構。

南興街上的「大貓飲食」標示始創於民國三十五年，亦即日本戰敗結束台灣統治後的隔年。大貓本名黃金殿，一九一六年出生在中國福州，長成後渡海來台。他身形高大，卻滿臉留下天花疤痕，所以人稱大貓。根據游基倉的調查，大貓來台是先在宜蘭西門西關廟附近學作福州麵線。值得注意的是，在中國福建的麵線大致分兩種製法，今之台灣主流拉麵線的方法是較為簡單的泉州製法，而福州麵線南傳至南洋較多。

福州麵線出現在宜蘭，說明了在日本時代福州製麵師的蹤跡。大貓後來在台灣娶妻生子，婚後利用在宜蘭座斜對面開設竹椅店的岳父家門面（今之康樂街八十號）賣起福州口味的炸醬麵和扁食湯。由於生意沖沖滾，後又在北館市場內設攤，再於舊城區裡自購兩層樓店面，打響了大貓的老字號。

⊙ 大貓飲食的炸醬麵，是採福州麵的口味。

從大貓分枝出來的店越來越多，今南興街的大貓為女兒和外孫經營，另一位女兒則在文昌路上以「黃家福州口味」的店名開張。大貓還有位徒弟吳金明，綽號「阿章仔」，乃原新民路上「大麵章」的創辦者，生意自然也沖沖滾。

類似宜蘭這種福州人製麵的故事，其實在台灣經常遭遇，諸如南投幼麵、台南意麵等等，也多從日治時期就出現了，而戰後宜蘭再掀起一波麵食熱潮的則是位福州人陳依地和汕頭人陳欽。

陳依地是戰後來台的福州人，約於一九六〇年代起推著攤子在宜蘭市火車站前，今日宜興加油站現址賣起他們口味特殊的豆腐肉丸子湯，頗受歡迎。但陳依地的後代並沒有繼承衣缽，倒是徒弟陳姓兄弟如今在文昌路和復興路各開一家麵店，招牌只書「炸醬麵」三個大字，沒有店號，彷彿什麼是宜蘭炸醬麵是由我們來決定的。

陳欽是汕頭人，他賣起獨門炸醬麵和香菇魚丸後就聲名大噪，因為身形駝背，所以早期宜蘭人便以「駝背麵」呼之，他也索性使用這外號來當店招。一九八八年，他要回中國落葉歸根，頭城有位曹豐全以六十萬代價學到他的手藝及買下店面，正式成為二代傳人。

如此，宜蘭麵食形貌就有了初步的輪廓。愛吃麵食的朋友，將師承族譜弄明白了，就可以來去大吃特吃了。

魚夫拋拋走
影片帶路逛

台灣百年市場

從北到南，和魚夫一起探看
25 個流轉百年的菜市風華

文・圖——魚夫

主編——林孜懃
美術設計——王瓊瑤
行銷企劃——舒意雯
出版一部總編輯暨總監——王明雪

發行人——王榮文
出版發行——遠流出版事業股份有限公司
地址——104005 台北市中山北路一段 11 號 13 樓
電話——(02)2571-0297
傳真——(02)2571-0197
郵撥——0189456-1
著作權顧問——蕭雄淋律師
2023 年 11 月 1 日 初版一刷
2024 年 3 月 20 日 初版四刷

定價——新台幣 499 元
（缺頁或破損的書，請寄回更換）

ISBN —— 978-626-361-325-6

遠流博識網
http://www.ylib.com
E-mail: ylib@ylib.com
遠流粉絲團
https://www.facebook.com/ylibfans

國家圖書館出版品預行編目 (CIP) 資料

台灣百年市場：從北到南，和魚夫一起探看 25 個
流轉百年的菜市風華 / 魚夫著 .-- 初版 . --
臺北市：遠流出版事業股份有限公司，2023.11
面； 公分
ISBN 978-626-361-325-6（平裝）
1.CST：市場 2.CST：飲食風俗 3.CST：臺灣

498.7　　112016446